中熵和高熵合金的
激光增材制造

吕云卓　秦丹丹　崔祥成　尚纯　编著

机 械 工 业 出 版 社

本书由七章内容构成,第1章整理并汇总了国内外中熵和高熵合金的研究进展及激光增材制造技术在高熵合金中的成功应用。第2章~第7章重点介绍了激光增材制造CoCrNi中熵合金、CoCrFeMnNi高熵合金和AlCoCrFeNi$_{2.1}$高熵合金的制造工艺,系统分析了中熵和高熵合金的相组成、力学性能、形变机理,揭示出层状异质结构能够突破中熵和高熵合金强度和塑性的均衡问题。本书充分阐述了该领域的前沿问题,对增材制造中熵和高熵合金的研究和应用提供了重要支撑,可作为材料科学领域的科研人员、企业工程师、技术管理者的参考书籍。

图书在版编目（CIP）数据

中熵和高熵合金的激光增材制造/吕云卓等编著. —北京：机械工业出版社，2024.4
ISBN 978-7-111-75374-2

Ⅰ. ①中⋯　Ⅱ. ①吕⋯　Ⅲ. ①合金–金属材料–激光加工
Ⅳ. ①TG13

中国国家版本馆 CIP 数据核字（2024）第 057622 号

机械工业出版社（北京市百万庄大街22号　邮政编码100037）
策划编辑：吕德齐　　　　　　责任编辑：吕德齐
责任校对：郑　雪　陈　越　　封面设计：马若濛
责任印制：常天培
北京机工印刷厂有限公司印刷
2024年6月第1版第1次印刷
169mm×239mm・7.75印张・4插页・144千字
标准书号：ISBN 978-7-111-75374-2
定价：69.00 元

电话服务　　　　　　　　　　网络服务
客服电话：010-88361066　　机 工 官 网：www.cmpbook.com
　　　　　010-88379833　　机 工 官 博：weibo.com/cmp1952
　　　　　010-68326294　　金 书 网：www.golden-book.com
封底无防伪标均为盗版　　机工教育服务网：www.cmpedu.com

前　言

　　材料作为人类发展的基础，与信息、能源并称为当代文明三大支柱。进入 21 世纪，人类社会的可持续发展要求用节能、环保、综合性能更加优良的新型材料替换传统的钢铁材料。随着材料科学的发展，中熵和高熵合金作为合金材料界的"新秀"是目前国际材料学术界的重要研究热点之一。

　　中熵和高熵合金作为一种新型多组元金属材料，具有一系列的优点，如良好的低温力学性能、耐蚀耐磨性能、耐高温性能及优异的软磁性能等。在机械加工领域，中熵和高熵合金可用于制造高强韧性的模具和刀具。目前，普通模具钢正逐渐被中熵和高熵合金替代。此外，中熵和高熵合金的低温力学性能以及耐蚀性可以有效应用于船舶领域；在通信方面，中熵和高熵合金以其优良的软磁性和高电阻率的特点，被成功应用于高频通信器件，如高频变压器、电动机磁心、磁头、磁盘、高频软磁薄膜等；在航空航天领域，中熵和高熵合金的耐热性及优良的高温力学性能为制成新一代涡轮叶片奠定了基础。新型材料的开发是提高各领域技术与产品的先决条件，而先进的制造技术是促使材料得以应用的关键。中熵和高熵合金除了以传统铸造成形外，也可采用激光增材制造技术快速成形。激光增材制造技术以其独特的基于三维模型逐点成形的方法，具有高度柔性、成形速度快、无尺寸限制等特点，被誉为能够引领产业变革的颠覆性智能制造技术之一，在个性化定制、复杂结构部件制备等方面具有显著优势。该技术已广泛应用于航空航天、汽车、机械、电子、电器、医学、建筑、玩具、工艺品等诸多领域。

　　目前系统介绍中熵和高熵合金的激光增材制造的图书还比较缺乏。本书整理汇总了国内外中熵和高熵合金的研究进展及激光增材制造技术在中熵和高熵合金中的应用；重点介绍了激光增材制造 CoCrNi 中熵合金、CoCrFeMnNi 高熵合金和 $AlCoCrFeNi_{2.1}$ 高熵合金的制造工艺，系统分析了中熵和高熵合金的相组成、力学性能、形变机理；揭示出层状异质结构能够突破中熵和高熵合金强度和塑性的均衡问题。本书可为从事激光增材制造中熵和高熵合金研究的技术人员提供重要的参考。

本书是由大连交通大学吕云卓教授、秦丹丹讲师、崔祥成讲师及尚纯讲师共同编著。其中，吕云卓教授撰写了本书的第 1 章、第 2 章及第 3 章内容；秦丹丹讲师撰写了本书的第 4 章、第 5 章及第 6 章内容；崔祥成讲师撰写了本书的第 7 章的 7.1 节和 7.2 节内容；尚纯讲师撰写了本书的第 7 章的 7.3 节内容。

本书旨在为读者提供更丰富的参考资料，但限于作者的水平，加之材料发展迅速，新技术、新理论不断涌现，书中存在不足之处在所难免，敬请广大读者谅解与指正。

编著者

目　录

第1章

绪论

1.1 中熵合金的概述

1.1.1 中熵合金定义

随着社会的高速发展与科学技术的不断进步，人们对材料的要求越来越高，传统的合金在一些应用环境下难以满足服役要求，开发新材料势在必行。中熵合金是近年来在非晶合金和高熵合金的基础上提出的具有广阔应用前景的新型金属材料，一般由 2~4 种元素按等摩尔比或近等摩尔比组成，且合金构型熵通常在 $1R$~$1.5R$（R 为理想气体常数）之间[1]。多组元合金由于其优异的性能受到了研究人员的关注。多组元合金在多种元素的共同作用下会形成较为简单的相结构，其原因是在混合状态下其内部系统具有更高的混合熵，能够降低固溶体相的自由能，从而抑制了金属化合物与复杂相的形成[2]。所以对多组元合金的定义分为两部分：从成分上来看，多组元合金是由三种及以上主要元素组成且组成元素近等摩尔比的合金；从混合熵的角度来看，由于合金系统内熵值大小存在差异，多组元合金被划分为中熵合金及高熵合金[3]。

由吉布斯（Gibbs）自由能表达式

$$\Delta G = \Delta H - T\Delta S \tag{1-1}$$

式中　ΔG——自由能；

　　　ΔH——形成焓；

　　　T——反应温度；

　　　ΔS——系统的混合熵。

可知合金体系内产生新相自由能受焓与熵的影响，高的混合熵大幅度降低了生成固溶体相的自由能，又因一个体系内自发进行反应的过程向着体系自由能降低的方向，相比于其他新固溶体相的生成自由能更低。

在热力学中熵表示为一个系统的内在混乱程度，系统的熵值越大，系统

1

内混乱的程度就越大[4, 5]。相对于传统合金，高熵合金最大不同在于过高的混合熵。

对于 n 种组元的合金而言，当各组元摩尔比相同时，其混合熵会达到最大值。根据玻尔兹曼（Boltzmann）对熵和系统复杂度之间关系的假设，系统的混合熵为

$$\Delta S=-k\ln w=-R\ln \frac{1}{n}=R\ln n \tag{1-2}$$

式中　k——玻尔兹曼常数；

　　　　w——混合方式的数量；

　　　　n——组元数；

　　　　R——理想气体常数，$R=8.314\text{J/}(\text{K}\cdot\text{mol})$。

多组元等摩尔比合金中的混合熵随组元数增多而增大。混合熵随组元数 n 的变化关系如图 1-1 所示。当组元数不超过 13 时，混合熵与组元数之间正相关。但当组元数过多（$n>13$）时，增加组元数无法显著提高合金的混合熵。由于 $\Delta S=R\ln n$，因此组元数 n 增加，混合熵值缓缓增大，固溶体相更加稳定。叶均蔚等人根据混合熵值分类合金：$R<\Delta S \leqslant 1.5R$ 为中熵合金，如图 1-2 所示[6]。

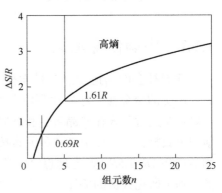

图 1-1　熵值随组元数
n 的变化关系

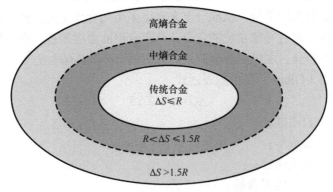

图 1-2　用混合熵区分合金种类

1.1.2　中熵合金的研究现状

中熵合金是在高熵合金的研究过程中被发现的一类金属。Wu 等人[7]在研

究高熵合金的组元数量与种类对其相稳定性的影响的过程中，选取了 CoCrFeMnNi 高熵合金作为试验对象，根据组成高熵合金的元素排列组合出纯金属、二元合金、三元合金与四元合金，重组的合金均等摩尔比，研究了这些合金的相的结构与性能。结果显示部分合金的相结构为单相 FCC 结构，另一些合金出现了多个相。这说明在高熵合金中组元的种类同样也是维持简单相的重要因素，甚至比组元数量对高熵效应的影响更为关键。在这些单相合金样本中，三元 CoCrNi 合金的显微硬度最高。这也说明了在多组元合金中组元种类对固溶强化影响比组元数量更大。在拉伸性能研究中，温度对 CoCrNi、CoCrMnNi、CoCrFeNi 合金的屈服强度与抗拉强度影响很大，CoCrNi 合金在各温度下的拉伸性能均为最佳。

　　Gluodovatz 等人[8]沿着 Wu 等人[7]的思路进一步研究了等摩尔比 CoCrNi 合金的低温力学性能，如图 1-3 所示。结果表明 CoCrNi 合金具有比 CoCrFeMnNi 合金更好的低温力学性能（低温下抗拉强度为 1.3GPa，断裂总延伸率为 90%，断裂韧性超过 430MPa·m$^{1/2}$）。CoCrNi 中熵合金成为当时低温断裂韧性最高的材料。从此 CoCrNi 合金成为新的研究热点，受到了学者们的关注。目前针对 CoCrNi 中熵合金的研究主要集中在提高其室温力学性能方面。

众所周知，提高晶体材料力学性能的方法包括优化微观组织和调整化学成分。通过形变与热处理手段可以实现微观结构的优化，调整化学成分则是引入其他合金元素来产生沉淀或引入间隙原子以增加晶格畸变。这两种策略相互关联共同影响着合金性能。

　　薛雨杰等人[9]对 CoCrNi 中熵合金热轧前后组织与性能的变化进行了研究，结果表明，热轧不会引发第二相析出，相同载荷下高温热轧样品晶

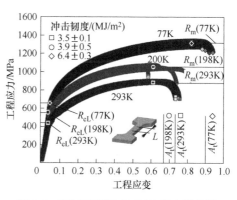

图 1-3　不同温度下 CoCrNi 的力学性能

粒度更小。热轧样品同冷轧样品相比断裂总延伸率有所提高，证明热轧工艺能够减少合金内部缺陷，改善合金的力学性能。

　　Slone 等人[10]研究了冷轧 CoCrNi 中熵合金在高温下不同退火时间的组织与性能。研究表明：冷轧 CoCrNi 在 600℃下退火 1h 和 4h 分别发生了 39% 和 76%（体积分数）的再结晶，未发生再结晶的部分仍保留着冷轧过程产生的孪晶和位错。在 600℃下退火 4h 的样品屈服强度提升到 797MPa，断裂总延伸率为 19%。再结晶区和非结晶区相互交叠，再结晶晶粒可以适应更多应变，具有高位错密度和孪晶的非结晶区提供了合金的强化。这种非均质微观结构使合金

强度和延展性获得好的组合。

近年来也有学者用在中熵合金中引入其他合金元素的方式获得合金的强化。Wu 等人[11]用熔铸法向 CoCrNi 中熵合金中掺杂钨元素，室温下合金屈服强度提高到 1GPa，抗拉强度提高到 1.3GPa，同时延展性下降不大。结果表明钨导致合金中的固溶体和晶界强化，在保持韧性的同时提高单相固溶体合金强度。

Chang 等人[12]研究了 CoCrNi-Mo 合金的显微组织与力学性能，并指出在 Mo 浓度超过 5%（摩尔分数）之后，合金易出现硬脆质 σ 相，对合金延展性具有不利影响。Mo 元素在合金中起到诱导沉淀、固溶强化、抑制晶粒生长、细化晶粒等作用。该研究中 $Mo_3(CoCrNi)_{97}$ 合金获得最佳强度 - 延性协同效果，如图 1-4 所示。

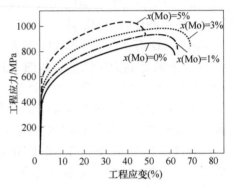

图 1-4　添加 Mo 元素后 CoCrNi 的力学性能

Lu 等人[13]在 CoCrNi 合金中添加了 Al，研究了 $Al_x(CoCrNi)$ 合金（$x \le 32\%$，摩尔分数）的组织与性能，结果表明：Al 元素固溶强化效应以及 BCC 相的出现是合金强化作用的重点，如图 1-5 所示。Al 元素有助于 BCC 相析出，达到一定浓度时形成稳定的 BCC 相。形成的双相能明显强化 CoCrNi 中熵合金。随着 Al 含量增加，合金屈服强度增加，延展性降低。$Al_{19}(CoCrNi)_{81}$ 合金综合力学性能最佳，抗拉强度高达 2542MPa，断裂总延伸率约为 22%。

在 Ni 基高温合金中，将 Al 和 Ti 按合适的比例添加到合金中，产生了性能优异的 $L1_2$ 相。$L1_2$ 相为有序的 FCC 结构，具有一定的规律性和对称性，其化学式为 A_3B，通常与无序 FCC 基体共格，

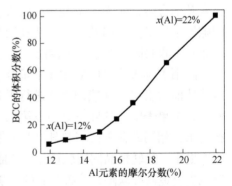

图 1-5　CoCrNi 中 Al 元素含量与 BCC 相含量关系

可提升合金强度而不损害合金延展性[14]。由于相似的原因，将 Al 和 Ti 加入 CoCrNi 中熵合金中可形成 FCC+$L1_2$ 双相结构，提高合金强度。Zhao 等人[15]研究了 $Al_3Ti_3(CoCrNi)_{94}$ 合金，发现两种沉淀物分布在不同位置：一种分布于晶界上，是不连续沉淀物；另一种在晶粒内部，是球形的连续沉淀物。两

种类型的沉淀物都富含 Ni、Al 和 Ti。Al₃Ti₃(CoCrNi)₉₄ 屈服强度为 750MPa，同时保持着 45% 的良好断裂总延伸率。

1.2　高熵合金的概述

1.2.1　高熵合金定义

20 世纪 90 年代初期，英国牛津大学的 Cantor 率先证伪了英国剑桥大学的 Greer 提出的"混乱原则"理论，他利用电弧熔炼技术和铸造工艺成功制备了具有单相固溶体的 CoCrFeMnNi 高熵合金（Cantor 合金）[16]，与此同时，中国台湾省的学者叶均蔚将这种单相固溶体合金命名为高熵合金[17]。高熵合金是由等摩尔比的五种或五种以上组元构成，为了丰富组元设计，规定每种组元含量介于 5%~35% 之间。早期的高熵合金研究通常是面心立方（face-centered cubic，FCC）和体心立方（body-centered cubic，BCC）固溶体结构，随着研究的不断深入，密排六方结构（hexagonal close-packed，HCP）的高熵合金也已出现[18-20]。目前，在高熵合金研究领域具有代表性的合金体系包括 FCC 结构的 AlCoCrFeNi、AlCrCuFeNi、CoCrCuFeNi、CoCrFeMnNi，BCC 结构的 TaNbHfZrTi、TaNbVTiAl 以 及 HCP 结 构 的 AlLiMgScTi 等，也存在着一些 FCC 和 BCC 双相混合的高熵合金体系，例如 Al$_x$(CoCrFeMnNi)、Al$_x$(CoCrCuFeNi) 等[21-32]。

熵是热力学中表征体系混乱度的物理量，系统的熵值越大，表明其混乱程度越高[4, 33]。高熵合金具有较高的混合熵，一般会高于传统合金的熔化熵，形成高熵固溶体。

由式（1-2）可知，当组元数 n=2、5、9、13、15 时，ΔS 分别为 0.693R、1.61R、2.2R、2.57R、2.71R。比较结果发现，混合熵随着组元数的增加而增大。但是当组元数较多时（n 大于 13），增加组元数已经无法明显地提高合金的混合熵，因此通常情况下，高熵合金的组元数控制在 5~13 之间。由于 ΔS 和组元数 n 是 y=ln$x$ 函数关系，随着组元数 n 的增多，ΔS 的值趋于稳定，固溶体更稳定。根据混合熵值的范围，认为 ΔS>1.5R 为高熵合金（图 1-2）。

基于传统的合金设计理念，诸多的研究者习惯于在多元相图的边缘位置寻找合适的合金体系，因此获得的合金体系数量有限。高熵合金概念的提出，将研究者的目光从相图边界转移到了中心位置，为合金设计领域开辟了更为广阔的道路。如图 1-6 所示，等摩尔比合金体系的数量随着组元数的增加呈几何级数增长，可见高熵合金的设计调控范围非常巨大。

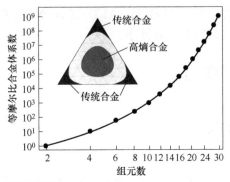

图 1-6　等摩尔比合金体系数与组元数关系

1.2.2　高熵合金四大效应

自高熵合金问世以来，许多研究者进行了大量的研究，为了描述高熵合金组织和性能的独特性，以叶均蔚为首的研究团队提出了著名的"四大效应"理论[17]，四大效应基本上可以阐述出高熵合金的基本特点和核心规律。

1. 热力学上的高熵效应

高熵效应是高熵理论中比较核心的一个，依据经典的吉布斯相律[34]

$$P+F=C+1 \tag{1-3}$$

式中　P——相数；

　　　F——自由度；

　　　C——合金组元数。

平衡凝固时，合金系统中的相是 $C+1$；非平衡凝固时，合金组成相的数目为 $P>C+1$，但是多组元高熵合金相数 P 远小于 $C+1$，显然不符合吉布斯相律预测值。这主要是由于高熵合金的多种组元为等摩尔比或接近等摩尔比，使得系统的混合熵增加，高的混合熵提高了组元间的相容性，有效避免了相分离，从而简化合金组织结构，此特殊现象称为高熵效应。随着合金组元数的增多，所形成的相的数目缓慢增加，但都远远小于该合金所能形成的最大相数。特别是当合金组元数为 9 时，其形成的相数反而降低，仅为 2，进一步说明了高的混合熵促进了元素间的互溶，使其倾向于形成随机互溶的固溶体。

2. 结构上的晶格畸变效应

单一组元合金的晶格点阵都由一种元素占据，而高熵合金中每种组元占据晶格点阵的概率相同[34]。由于占据同一晶格的不同原子的原子半径大小不同，因此相对于单一组元合金，高熵合金存在严重晶格畸变。当原子半径差异过大时，会导致畸变过度，使晶格坍塌，形成非晶结构。以 Ti 元素为例，纯 Ti 为理想的体心立方结构，当加入少量的 Nb 元素后，晶格发生轻微的晶格畸变；当继续添加不同金属元素（如 Hf、Zr 和 Ta 等）形成 TiNbTaZrHf 高熵合金时，由于每个元素的原子半径和剪切模量的不同，导致 BCC 固溶体发生严重的畸变，如图 1-7 所示[35]。

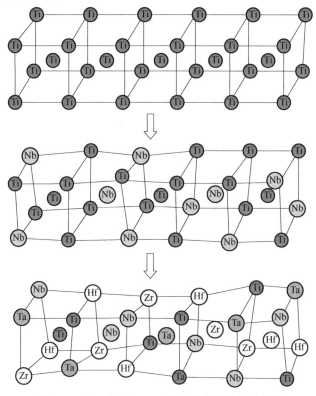

图 1-7　多组元合金 BCC 固溶体晶体结构示意图

3. 动力学上的迟滞扩散效应

高熵合金在相变过程中，相之间的成分分配需要大量不同种类原子的协同扩散。组元间的扩散会被其他组元原子的相互作用以及晶格畸变严重影响。在高熵合金中原子的扩散有别于传统合金。在扩散过程中，基体中的空位实际上被不同元素的原子所包围，如果进行连续两次扩散，则需要的能量不同，空位或原子迁移的扩散路径都是波动的，扩散速度较慢，活化能较高。因此在高熵合金中，扩散和相变会变慢，迟滞扩散效应意味着扩散和相变变慢。迟滞扩散效应虽然使扩散和相变迟缓，但同时产生了几个重要的优势，例如容易获得过饱和状态、细小沉淀物[36, 37]，增加再结晶温度，减慢晶粒生长，降低颗粒粗化率和增加蠕变阻力。这些优点有利于控制微观结构，以获得更好的性能。

4. 性能上的"鸡尾酒"效应

顾名思义，"鸡尾酒"效应[38]形象地解释了多组元在合金体系内部完全混合后所展现出来的独特性能，单一元素在保留本身性能的同时汲取其他元素的优点。合金组元在原子尺度上发挥的作用最终会体现在对合金宏观性能的影响上：使用较多轻元素（例如 Ti、Al），合金的总体密度将会减小[39]；Cr 和 Si 会提高合金的高温抗氧化能力；加入 Mo、Nb 等元素可以使高熵合金获得较好的高温性能。Al_x（CoCrCuFeNi）合金的相组成与硬度随 Al 元素添加的变化曲线如图 1-8 所示[40]。Al 元素促进合金相结构由 FCC 转变为 BCC，硬度也随之显著提高。对金属元素性能的把握及"鸡尾酒"效应的有效应用，对探索与设计合金成分体系，获得优异性能的高熵合金具有重要指导意义。

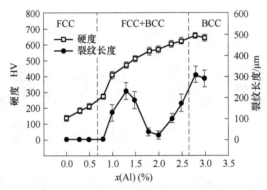

图 1-8　Al_x（CoCrCuFeNi）高熵合金硬度和裂纹长度随 Al 含量的变化规律

1.2.3　高熵合金的性能

由于高熵合金体系中每种原子大小不同，随机分布在晶格中，会使晶格扭曲，产生严重的晶格畸变，导致原子很难扩散，达到固溶强化的目的。为描述该合金体系的独特性能，叶均蔚等人总结了上述高熵合金的四个核心效应（高熵效应、迟滞扩散效应、晶格畸变效应和"鸡尾酒"效应）。四大效应协同作用，使得高熵合金的物相结构单一，无金属间化合物和易脆相产生，且晶格畸变影响组元原子间的互动。另外，合金系统内还会有纳米相析出，能够提高其力学性能和物理化学性能。由于具有许多优异的性能，高熵合金近年来受到广泛关注，被人们称为未来最有发展潜力的三大金属材料之一。

1. 耐磨性能

磨损是构件失效的主要形式之一，当构件磨损到一定程度时，其强度和硬度将会降低，对安全构成严重威胁。除了特殊的耐磨钢外，大多数合金耐磨性能都较差，特别是在高温高负荷的工作条件下。高熵合金具有稳定的结构，故拥有优异的耐磨性。Cui 等人[41]通过激光熔覆方法在 Cr5MoSiV 钢表面制备出 Al_x（CoCrFeMnNi）（x 为铝的摩尔分数，下同）高熵合金，研究表明：Al 元素对涂层的耐磨性有很大影响，随着 Al 元素的增加，涂层中产生有序的 BCC 相，并且晶粒得到细化，其耐磨性得到很大提升。Wang 等人[42]在 Q235 钢表面制备出

$Ti_{15}(CoCrFeMnNi)_{85}$高熵合金涂层,并探究不同温度下其耐磨性能。如图1-9所示,该合金在高温下拥有较低的磨损率和较好的耐磨性。当温度达到400℃时,该合金耐磨性最好,磨损率为$4.08×10^{-6}mm^3/(Nm)$。此外,在高温摩擦过程中,$Ti_{15}(CoCrFeMnNi)_{85}$高熵合金耐磨性能几乎是$CoCrFeMnNi$高熵合金的5倍。

2. 力学性能

长期以来,学者认为合金中组元和物相结构对材料力学性能影响较大。一般来说,当合金中组元过多时,容易产生金属间化合物,降低材料韧性,不利于实际应用。当提高传统合金的强度时,其塑性将有所降低,如图1-10所示,因此材料学家致力于研究开发高强度和高塑性的合金材料。研究发现合金中层错能(stacking fault energy,SFE)可以促进孪晶的产

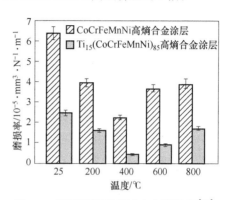

图1-9　不同温度下高熵合金磨损率[24]

生[43]。高熵合金相比于传统合金层错能较低,有利于将位错分裂为较小的位错,抑制位错运动,从而提高合金的屈服强度。此外,低层错能会提高孪晶的可塑性,即在适当条件下提高合金的塑性。Gludovatz等人[44]研究发现$CoCrFeMnNi$高熵合金为单相面心立方固溶体结构,其层错能为$25mJ/m^2$。在室温下观察到纳米孪晶的塑性变形,随着温度的降低,合金的塑性机制由位错滑移向纳米孪晶转变。该合金在77K温度下具有良好的抗拉强度(>1GPa)和断裂韧性($200MPa·m^{1/2}$),比大多数传统合金更加优越,见表1-1。

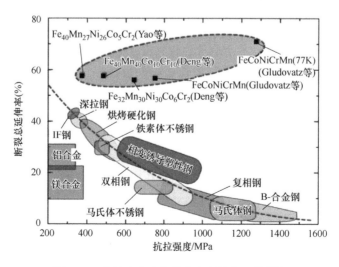

图1-10　高熵合金和传统合金的性能比较[43]

表 1-1　高熵合金和传统合金性能比较[43]

性能	CoCrFeMnNi	铝合金	钛合金	合金钢
密度 /（g/cm³）	—	2.6~2.9	4.3~5.1	7.8
硬度 /GPa	—	0.20~1.75	0.54~3.80	1.50~4.80
屈服强度 /GPa	0.73	0.10~0.63	0.18~1.32	0.50~1.60
断裂韧度 /（MPa·m^{1/2}）	200~300	23~45	55~115	50~154

Salishchev 等人[45] 通过对 CoCrFeMnNi、CoCrFeNiV 等高熵合金进行研究，发现高熵合金的力学性能与其相组成有关，CoCrFeMnNi 高熵合金较软但韧性很好，CoCrFeNiV 高熵合金由于具有 σ 相，因此强度很高，但塑性较差。Shahmir 等人[46] 对 CoCrFeMnNi 高熵合金进行高压扭转试验，结果表明随着扭转次数的增加，其硬度和强度显著增大。通常稀土元素对合金的力学性能有很大影响。Hu 等人[47] 通过电弧熔化技术制备出 AlCoCrCuNiTiY$_x$ 高熵合金。研究发现：由于 Y 元素的影响，AlCoCrCuNiTi 高熵合金的 BCC 相逐渐消失，金属化合物 Cu$_x$Y 和 AlNi$_2$Ti 出现，合金的抗压强度也由 1495.0MPa 降低到 1024.5MPa。Fujieda 等人[48] 通过选区电子束熔化技术制备出 Co$_{1.5}$CrFeNi$_{1.5}$Ti$_{0.5}$Mo$_{0.1}$ 高熵合金。研究发现：与传统制备方法相比，该方法所制备出的合金具有优异的力学性能，经过热处理后，合金的力学性能和耐蚀性都有所增加。

3. 耐热腐蚀性能

在高温含 Cl 和 S 的环境下金属材料往往会发生高温腐蚀现象。在合金表面沉积熔盐，当温度高于熔盐的熔点时，熔盐处于熔融状态，并与金属元素发生化学反应或电化学反应，会严重破坏合金性能，因此对金属进行耐热腐蚀性能研究具有重要意义。为了提高金属的热腐蚀性能，许多学者着重于在表面镀上 Al 或 Cr 涂层，通过在表面形成致密的氧化物从而抑制腐蚀。目前学者对于高熵合金的研究主要集中在力学性能上，对高熵合金的耐热腐蚀性能研究较少。Kim 等人[49] 研究发现：CoCrFeMnNi 高熵合金经过高温氧化后出现富 Cr、Mn 的氧化物相；如图 1-11 所示，当温度为 900℃时高熵合金表面形成 Cr$_2$O$_3$、Mn$_2$O$_3$ 和 FCC 相；当温度上升至 1000℃时，FCC 相衍射峰强度明显高于 900℃时。一般认为，温度升高会使氧化层变厚，从而使基体相衍射峰强度变弱。合金氧化动力学曲线符合抛物线规律，且在 1000℃下试样出现氧化剥落现象。

Butler 等人[50] 研究了 Al 元素对于 Al$_x$（CoCrFeNi）高熵合金氧化行为的影响。试验发现：主要的氧化产物为 Al$_2$O$_3$，并存在部分的 Cr$_2$O$_3$，此外提高

Al 的含量可以改善 Al_2O_3 膜的致密度和均匀性，从而提高其抗高温氧化特性。洪丽华等人[51]研究了 $Al_{0.5}CoCrFeNi$（此处 0.5 为 Al 元素和其他元素的摩尔比）高熵合金在 $75\%Na_2SO_4+25\%NaCl$ 熔盐下的耐热腐蚀性能。研究发现：合金的耐热腐蚀性能随着温度的增加而下降，合金表面疏松多孔，生成了多种氧化物，且腐蚀过程中发生氧化反应和硫化反应。李萍等人[52]对 $Ti_{0.5}CrFeNi$（此处 0.5 为 Ti 元素和其他元素的摩尔比）高熵合金进行耐热腐蚀试验。研究发现：合金在 650℃和 750℃下腐蚀动力学曲线相似，均呈指数增长规律。在腐蚀截面存在 TiO_2 和 Cr_2O_3 等尖晶石类氧化物。该高熵合金的腐蚀机理主要为氧化、氯化及硫化的综合作用。Yu 等人[53]研究了镍基高温合金铝涂层在 Na_2SO_4 和 NaCl 条件下的热腐蚀行为，他发现该合金在 NaCl 的覆盖下更易腐蚀，然而在 Na_2SO_4 和 NaCl 的共同作用下会减缓合金的腐蚀。

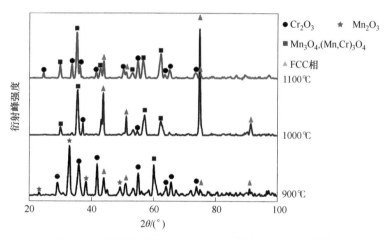

图 1-11　高温氧化后 CoCrFeMnNi 高熵合金 XRD 图谱

1.2.4　高熵合金制备技术

目前，高熵合金的主流制备技术包括电弧熔炼、机械合金化、涂层法和粉末冶金等。不同制备方法对合金的组织性能影响极大，并且各种制备方法的加工成本和生产周期存在很大的差异，因此合理地选择高熵合金制备方法和优化工艺参数至关重要。本节简要介绍前三种制备方法。

1. 电弧熔炼

真空电弧熔炼是最早的高熵合金制备方法，其原理为利用电弧放电使合金加热融化并在坩埚内凝固成形。这种方法制备的高熵合金易产生树枝晶和成分偏析，且合金在凝固过程中容易产生表面收缩现象，表面质量较差，需要对其进行后处理。Hou 等人[54]通过电弧熔炼技术制备出 AlFeCoNiB 高熵合金。研究发现：B 元素导致合金微观结构由单一的 B_2 相（有序的 BCC 相）转变为 B_2 相和共晶结构，且随着 B 元素的增加，晶粒尺寸先减小再增大，合金的强度和塑性也得到提升。Liu 等人[55]通过电弧熔炼制备出 CoCrFeMnNi 高熵合金，发现其为面心立方结构的单一相；热处理后试样结构未发生变化，但晶粒粗化，其力学性能和晶格尺寸满足霍尔佩奇强化理论。刘亮等人利用真空电弧熔炼法制备出 CoCrFeMnNi 高熵合金。研究表明：该合金晶体结构主要为面心立方固溶体，并出现少量的 $Cr_9Mo_{21}Ni_{20}$ 和 $CrFe_4$ 金属间化合物；合金微观组织为树枝晶，在晶间存在着类似于共晶组织的片层状结构；当退火温度提高时，合金中 FCC 相逐渐消失，最终形成共晶组织形貌。

2. 机械合金化

机械合金化（mechanical alloying，MA）是利用球磨机将金属粉末与磨球反复的冲击、碰撞，使其反复变形、断裂和焊合，促进原子间相互扩散并发生固态反应，从而获得合金化粉末的一种制备技术。该技术生产工艺简单，材料适用范围广、生产率高，广泛应用于纳米材料和高熵合金的制备中。Chen 等人[56]利用机械合金化法制备出 AlCuNiFeCr 高熵合金涂层。研究表明：该合金为 BCC 和 FCC 固溶体结构，且机械合金化过程中极高的冲击能量导致大量的晶体缺陷，在较高的球粉比条件下，合金内部组织均匀，力学性能得到改善；热处理后合金中出现大量的 FCC 相和 Al、Cr 氧化物。Shivam 等人[57]通过机械合金化制备了 AlCoCrFeNi 高熵合金。研究发现：该合金为 BCC 固溶体结构，通过 SEM 观察发现合金呈现两种不同的晶粒分布，粗大的晶粒（尺寸为 $18\sim22\mu m$）和细小的晶粒（尺寸为 $2\sim10\mu m$）均匀地分布在基体中；该合金拥有较高的硬度，达到 919HV 左右，且该合金具有极好的软磁性能。

3. 涂层法

涂层法是在零部件表面上涂覆一层性能优异的材料，提高其硬度和耐蚀性等性能的合金制备方法。高熵合金由于其高硬度、耐磨、耐蚀等特性，适用于涂层材料。涂层法相比于电弧熔炼等制备方法存在很大优势，如制备出的合金由于冷却速率较快，可以达到细化晶粒、均匀组织的效果，且成本较低。目前，涂层法主要包括磁控溅射、热喷涂和电化学沉积等方法。Kim 等人[58]通过磁控溅射法制备了 TiZrHfNiCuCo 高熵合金薄膜，并且讨论了微观结构对薄膜力学性能的影响及制备纳米复合结构薄膜的可行性。研究表明：该薄膜由 FCC 相和非晶相组成，其力学性能低于其他高熵合金薄膜。姚陈忠等人[59]通过电化学沉积方法在室温下制备了 NdFeCoNiMn 高熵合金薄膜，研究了电化学沉积参数如沉积电位、沉积时间等对薄膜表面形貌的影响。研究表明：随着沉积时间的增加，薄膜更加致密均匀，沉积电位的负移会导致纳米片的出现，且所制备出的高熵合金薄膜在室温下拥有良好的软磁性能。郭伟等人[60]采用高速电弧喷涂方法在镁合金表面制备了 CoCrCuFeNi 和 CoCrCuFeNiB 高熵合金涂层，并分析了涂层的微观形貌和力学性能。研究表明：两种合金涂层均为 FCC 晶体结构，硬度分别达到了 414HV 和 342HV，不含 B 元素的涂层硬度更高，涂层与基体间的结合性较强。

1.2.5　高熵合金的强化机制

1.2.2 节中所介绍的高熵合金的四大效应是高熵合金某些性能优于传统合金的关键所在。此外，因为高熵合金具有较高的混合熵，元素和元素之间化学相容性优异，常以单相合金的形式存在，例如单相 FCC 结构的高熵合金。由于面心立方结构的本质特征，合金内部具有很多的滑移系，这种体系的高熵合金在室温条件下具有非常优异的塑性。Gludovatz 等人研究了 CoCrFeMnNi 高熵合金在不同温度条件下的力学性能，如图 1-12 所示[61]。试验发现：在室温条件下该合金的断裂总延伸率可以达到 55%，但是屈服强度较低，然而随着温度的逐渐下降，强度和塑性均得到了大幅度的提高。

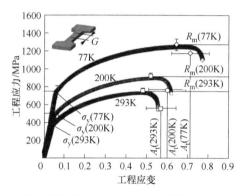

图 1-12　在不同温度下 CoCrFeMnNi 高熵合金的力学性能

尽管 FCC 结构的高熵合金展现出优秀的延展性，但其屈服强度较低且无法满足工业应用的要求，于是诸多的研究者致力于寻求其他方式以强化高熵合金的强度。随着研究的不断深入，关于如何强化高熵合金的报道越来越多，目前常用的强化手段有细晶强化、固溶强化、第二相强化、相变诱导塑性强化和位错强化。

1. 细晶强化

Sun 等人以 CoCrFeMnNi 作为试验材料，采用热锻、冷轧以及热处理等方法制备出两种晶粒尺寸不同的合金材料：细晶合金（UFG，晶粒度约为 650nm）和粗晶合金（CG，晶粒度约为 105μm）[62]。试验结果显示，无论是在低温（77K）条件下，还是在室温（293K）条件下，晶粒尺寸更小的 UFG

合金的强度均高于 CG 合金。这种减小晶粒尺寸以提高高熵合金强度的强化机制被称为细晶强化，其强化机理来自晶界对位错运动的阻碍，位错从一个晶粒移动到另一个晶粒所需的应力是由晶粒尺寸决定的。大尺寸晶粒的内部存在着大量位错，在晶界处容易产生位错运动的塞积现象，堆积的位错会产生排斥力并降低位错跨界的能量壁垒，导致位错可以轻易穿过晶界，所以强化效果较低；相反，小尺寸晶粒的晶界处位错较少，使得位错无法轻易穿越晶界，从而起到强化效果[63]。

2. 固溶强化

传统合金的固溶强化通常是利用固溶原子占据组元原子的点阵或间隙位实现的，但是这种占据形式比较"稀疏"。多组元高熵合金中每一种元素的比例都很高，各组元含量相差不多，并且大部分原子都处于错位状态，所以不存在相对的溶质原子和溶剂原子。高熵合金内部元素和元素之间存在原子半径的差异，导致高熵合金成为一种具有较大晶格畸变的过饱和固溶体，因此当原子半径相差较大的其他元素被添加到高熵合金后，晶格畸变效应加剧，产生显著的固溶强化效果，被称为置换固溶强化。例如，Seol 等人探究了微量 B 元素对于 $Co_{20}Cr_{20}Fe_{20}Mn_{20}Ni_{20}$ 高熵合金组织与性能的影响，发现合金中加入 B 元素后能产生显著的强韧化效果，如图 1-13[64] 所示。微量 B 元素在合金中除了产生间隙固溶强化作用外，还具有明显的细晶强化作用和晶界强化作用。

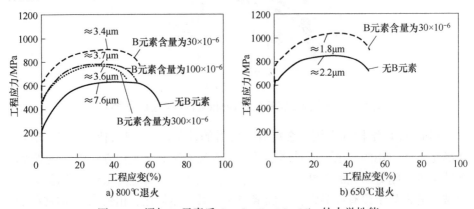

a) 800℃退火　　　　　　　　b) 650℃退火

图 1-13　添加 B 元素后 $Co_{20}Cr_{20}Fe_{20}Mn_{20}Ni_{20}$ 的力学性能

3. 第二相强化

在合金材料中，第二相颗粒通过阻止位错在合金中的运动来提高屈服强度。通过合理的基体元素设计再加上适当的合金化元素，在高熵合金中能够形成不同种类的第二相，这些第二相能够有效地增加合金的强度以及改善合金的塑性。He 等人研究了 Al 元素对 Al_x（CoCrFeMnNi）高熵合金拉伸性能的影响。

研究发现 Al 元素不仅能够引起合金中 BCC 固溶体的析出，也能在合金中产生有效的固溶强化；在 8%~12%（摩尔分数）范围内，随着 Al 元素含量的增加，合金的硬度和屈服强度显著增大，如图 1-14 所示[65]。

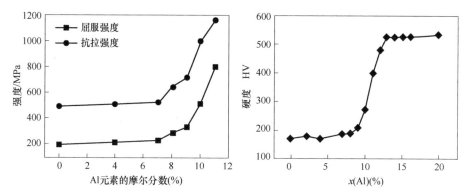

图 1-14　Al_x（CoCrFeMnNi）合金的强度及维氏硬度随 Al 元素含量变化

4. 相变诱导塑性强化

除了细晶和固溶强化等方式以外，相变诱导塑性（transformation induced plasticity，TRIP）也是强化高熵合金的有效途径。相变诱导塑性早期是在高强度钢中发现的，如今扩展到了高熵合金中。Chen 等人用原位透射电镜（TEM）观察了 $Co_{34}Cr_{20}Fe_{34}Mn_6Ni_6$ 合金（晶粒尺寸 6~10μm）的 FCC—HCP 相变过程，这种双相高熵合金室温抗拉强度达到 1GPa，断裂总延伸率达到 60%，高于包括 Cantor 合金在内的许多单相高熵合金[66]。其应变强化效应归因于三维层错结构的形成阻碍了位错移动，为 HCP 相的形成提供了优先位置。原位透射电子显微镜（transmission electron microscope，TEM）观察发现：快速移动的不全位错主导了初期塑性变形，提供了起始塑性，不全位错频繁与层错作用，产生了位错结，阻碍了局部位错移动，引起了应变强化。如图 1-15a 所示，局部点阵结构从 FCC 的 ABCABC 的堆垛次序转变为 HCP 结构的 ABAB 的堆垛次序。即在稳定的层错结构上 HCP 相形核长大，形成几纳米厚的薄层。如图 1-15c 和 1-15d 所示，4nmHCP 薄层在 4 个层错的结点上形成。随着应变增加，FCC 相连续转变为较硬的 HCP 相，产生持续的应变强化，最终提高了强度和韧性。

5. 位错强化

所有的结晶金属都在不同程度上存在位错，它们的运动与金属的塑性流动密切相关。位错运动时，来自不同滑移面的位错以不同的方式相互作用。与没有位错的理想晶体或退火良好且位错密度低的材料相比，位错对其运动的阻碍本质上要求更高的外加应力来继续保持塑性流动。这种位错相互作用机制是位错强化的核心。位错数越多，位错强化对材料强度的影响越大。

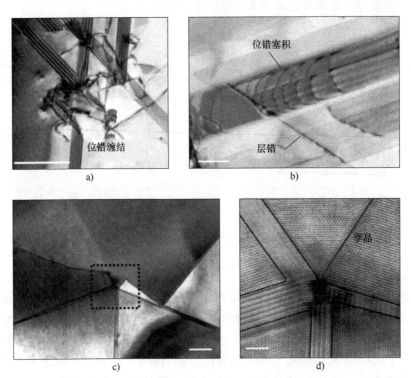

图 1-15　原位观察层错结构对位错的阻碍

1.3　增材制造技术

1.3.1　增材制造技术简介

在 2013 年美国麦肯锡咨询公司发布的《展望 2025》的报告中，增材制造技术（3D 打印技术）被列入决定未来经济发展的十二大颠覆技术之一，被誉为"第三次工业革命"[67-69]。激光 3D 打印技术原理简单，利用激光束产生的高温，将基体融化形成熔池，将合金粉末或者合金丝熔化填充到熔池中，逐道打印，逐层堆积，实现快速成形。激光 3D 打印技术具有高柔性，生产周期短，而且冷却速度快，不受材料的限制，广泛应用于金属、陶瓷、塑料等材料的直接成形。特别是在金属领域应用前景十分明朗，在高温合金、非晶合金、钛合金以及航空航天领域高精尖的产品部件和形状尺寸复杂的构件制造等方面，都能发现激光 3D 打印技术的身影[70-75]。激光 3D 打印技术涉及多种学科，是一种综合性很强的技术，包含了 CAD 建模、数控、材料、机械等多种技术门类，突破了以往的"减材制造"模式，真正实现了"增材制造"的加工方式，吸引了越来越多工业界和研究界的关注[75-78]。

如图 1-16 所示，根据粉末输送方式的不同，金属的激光 3D 打印技术大致可以分为两种形式：一种是预置粉末式；一种是同轴送粉式。其中，预置粉末式以激光选区熔化（selective laser melting，SLM）为代表，同轴送粉式以激光熔化沉积（laser melting deposition，LMD）为代表。下面以 SLM 技术和 LMD 技术为例，介绍其优缺点及应用。

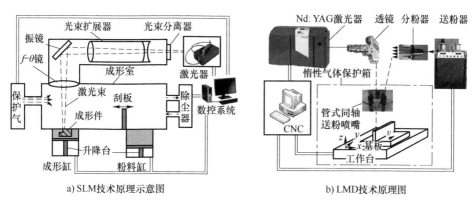

a) SLM 技术原理示意图　　　　　　　　b) LMD 技术原理图

图 1-16　两种不同激光 3D 打印技术原理示意图[79]

1. SLM 技术

SLM 技术是激光增材制造的一个重要的技术途径，利用高能量密度的激光束，按照三维控制软件切片模型预先规划好的扫描路径，在预置的金属粉末床层间进行逐层扫描，使材料完全熔化、凝固实现牢固的冶金结合，而后成形。是一种铺粉式增材制造技术。SLM 技术克服了以往的技术不足，具有如下突出的优势。

1）可以制备精密度很高的零件，精度可以达到 0.02mm，零件经过简单的表面处理即可达到使用标准。

2）可以获得近乎完全致密的金属块体，力学性能超过普通的铸造样品。

3）可以实现金属粉末的完全熔化成形，不需要高分子粘接剂，不仅可以加工低熔点金属粉末，对很多熔点较高的金属材料也能够加工成形。

SLM 所用激光器的光斑直径小，加工时的效率较低，不适合加工大尺寸的构件。另外，采用 SLM 技术加工的零件经过多道次、多层的扫描，零件经历复杂的热过程，内部引入了较大的热应力，容易导致孔洞、裂纹等缺陷。目前 SLM 技术主要应用于传统机械加工手段难以实现的内部复杂零件的加工成形，如图 1-17a、b 所示。

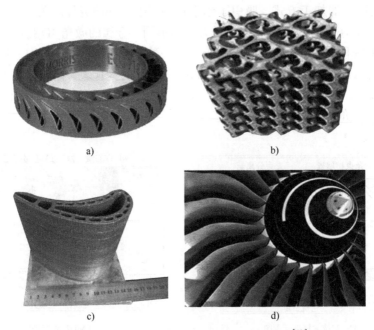

a)

b)

c)

d)

图 1-17　激光 3D 打印技术制备的零件样品[79]

2. LMD 技术

LMD 技术与 SLM 技术类似，是利用高能激光束扫描由控制软件设定好的路径，将同轴输送的粉末材料完全熔化、凝固然后成形的增材制造技术。LMD 技术是激光加工与同轴送粉技术的结合，同轴送粉技术的发展也必将促进 LMD 技术的进步，所以比起其他的增材制造技术存在以下技术优势。

1）可以制备形状复杂的零件而无须模具。

2）可以制备大型的构件而无尺寸限制。

3）成形样品组织均匀、力学性能优良。

4）粉末成分可以随时改变，可用于制备有成分梯度的材料。

LMD 技术精度较低，加工的样品需要进行一些机械加工才能达到使用要求，而且 LMD 需要在特定的基体上加工，基体的选择对加工成形的影响很大，加工结束还需要切割分离基体与零件。近年来，国内外的相关企业和科研院所对 LMD 技术开展了全面系统的研究，在航空航天领域取得了阶段性的成果，制造出大量形状复杂的零件样品，如图 1-17c、d 所示。

1.3.2　高熵合金的增材制造

截至目前，大部分的研究者使用传统的"熔铸法"对高熵合金进行制备，但这种方法存在着很多的缺陷。比如在熔炼过程中极易发生元素的烧损（特别是一些熔点较低的元素），造成成分含量的不准确。在铸造过程中，还会存在很多铸造缺陷，如缩松、缩孔、成分偏析等，需要经过后期的轧制、热处理等复杂的工序来消除缺陷。铸造过程依赖于金属液的流动性，高熵合金黏度大，导致铸造难度大，特别是形状复杂的构件，严重制约了高熵合金的工业化应用，因此改进高熵合金的制备方法迫在眉睫。

目前，国内外的科研工作者对利用激光增材制造技术制备高熵合金进行了一些尝试，并对激光制备各种高熵合金的性能和相关机理进行了探索。Brif 等人[80]在 2015 年采用 SLM 技术制备了 CoCrFeNi 高熵合金，验证了激光增材制造高熵合金的可行性，并对样品的力学性能进行了分析，结果表明合金保持了单相 FCC 固溶体结构，并且合金的强度和塑性与不锈钢等工程材料相当，如图 1-18 所示。Malatji 等人[81]采用激光熔化沉积技术制备了 AlCrFeNiCu 高熵合金，验证了激光增材制造高熵合金的可行性，并对不同激光功率下，合金的耐蚀性和耐磨性进行了比较，结果表明随着激光功率的增加，合金的耐磨性降低，但是激光功率与样品的耐蚀性之间没有关系。Tadashi 等人[82]应用激光选区熔化技术制备了 CoCrFeNiTi 高熵合金，研究了其室温拉伸性能，结果表明强度塑性都远远优于电子束熔化加工的相同成分的高熵合金。Lin 等人[83]利用 SLM 技术制备了 CoCrFeNi 高熵合金，研究了激光 3D 打印样品在不同退火温度下的拉伸性能和影响因素，结果发现随着退火温度的提高，塑性逐渐提高，强度随之降低，合金的综合性能得到改善。这主要是由于退火温度提高使得残余应力降低、位错胞的分解以及加工硬化行为导致的，如图 1-19 所示。瑞典乌普萨拉大学的研究者们[84]通过 SLM 技术制备了 AlCoCrFeNi 合金，分析了合金中的元素偏析并与电弧熔炼制备的合金相比较，发现激光 3D 打印过程中的裂纹对工艺参数形成不敏感，控制参数并不能避免裂纹的形成。北京科技大学的周香林教授组[85]也对增材制造高熵合金进行了一些尝试，利用激光熔化沉积技术在 45 钢上制备了 TiZrNbWMo 高熵合金涂层，研究了其微观结构和力学性能，发现合金涂层在长时间高温热处理后依旧具有很高的硬度，说明合金具有很好的抗高温软化性能。华中科技大学的王泽敏[86]等利用铺粉式增材制造技术制备 AlCrCuFeNi 系高熵合金，并研究了其成形性、非平衡凝固过程以及力学性能，发现此种体系的高熵合金在激光 3D 打印过程中会有裂纹产生，并且存在相变。激光 3D 打印的合金样品呈现单一的 BCC 相，而原始结构为 FCC+BCC 双相，这可能是激光加工过程的冷却速率较大所致。

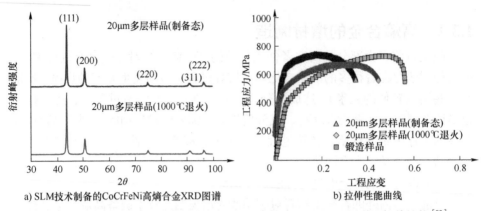

a) SLM技术制备的CoCrFeNi高熵合金XRD图谱

b) 拉伸性能曲线

图 1-18　激光选区熔化技术制备 CoCrFeNi 高熵合金的 XRD 图谱和拉伸性能[80]

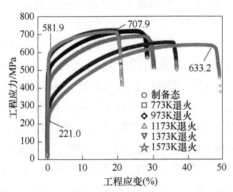

图 1-19　激光选区熔化技术制备 CoCrFeNi 高熵合金不同退火温度下的拉伸性能[83]

　　迄今为止，CoCrFeMnNi 高熵合金在增材制造领域的研究还处于初级阶段。现有的研究成果表明，CoCrFeMnNi 高熵合金的增材制造具有很大的潜力。例如，中南大学的李瑞迪等人[87]对激光选区熔化制备 CoCrFeMnNi 高熵合金进行了较为系统的研究，分析了其微观结构和力学性能，研究发现在制备的样品中存在 σ 相的分布，这可能是激光 3D 打印 CoCrFeMnNi 高熵合金力学性能优于传统方法制备的原因之一；另外，还对样品进行了热等静压（hot isostatic pressing，HIP）处理，使得合金的性能得到一定程度的提高。Zhu 等人[88]通过激光选区熔化技术制备了近乎完全致密的等摩尔比 CoCrFeMnNi 高熵合金，研究了其室温拉伸性能和独特的分层结构，并对其强度和韧性来源进行了分析（图 1-20）。Qiu 等人[89]应用激光增材制造技术制备了 CoCrFeMnNi 高熵合金，研究了常温和低温下的拉伸行为（图 1-21），分析了常温下的变形机制是位错滑移，低温下塑性的提高是因为变形孪晶的产生。Tong 等人[90]研究了热处理对激光增材制造 CoCrFeMnNi 高熵合金的性能、微观组织和残余应力的影响，结果表明合金在经历 1100℃ 的热处理后，树枝晶组织演变为再结晶组织形貌，由于热处理使残余应力得到释放，合金的塑性提高，抗拉强度和硬度略有降低。

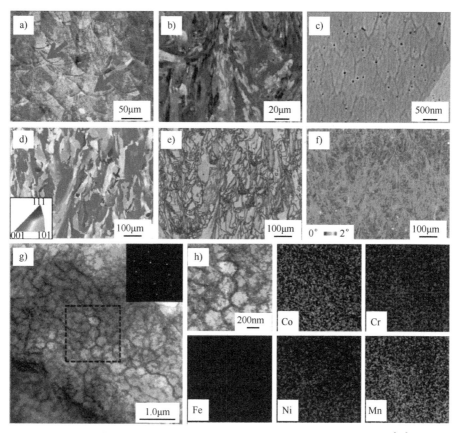

图 1-20　激光选区熔化制备 CoCrFeMnNi 高熵合金独特的分层结构[88]

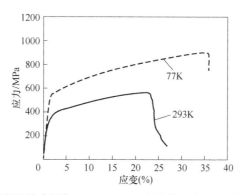

图 1-21　激光增材制造技术制备 CoCrFeMnNi 高熵合金常温和低温下的拉伸性能[89]

1.4　本章小结

　　自高熵合金的概念提出以来，中熵、高熵合金材料及制造技术仍处于初级阶段。目前的中熵及高熵合金制备，主要是以熔铸技术为主。这种方法制造的合金尺寸小、形状简单、晶粒粗大，还容易导致成分偏析，严重制约了复杂结构件的制备及作为工程材料的应用价值，因此寻求先进中、高熵合金的制备技术就显得尤为重要。

第2章

Ti$_x$(CoCrNi) 中熵合金的激光增材制造

将 Ti 元素引入原始等摩尔比 CoCrNi 中熵合金体系中并进行时效处理，可以促使合金体系内第二相析出从而使合金的综合力学性能有所改变。激光熔化沉积技术采用的双筒同轴送粉工艺，具有能够调整每层元素成分的制造特性，所以区别于传统熔炼法。采用激光增材制造技术可以更简洁地把 Ti 元素引入原始等摩尔比 CoCrNi 中熵合金中。Ti 元素含量与时效温度对中熵合金组织与性能的影响需要通过试验来进一步探究。

2.1 不同 Ti 含量对中熵合金组织与力学性能的影响

传统熔铸法将 Ti 元素引入等摩尔比 CoCrNi 中熵合金中，随 Ti 元素含量升高，合金基体中产生了脆性相，在提升了一定强度的同时却大幅度降低了合金塑性。激光增材制造过程中熔池快速凝固能够显著缩短元素扩散的时间，从而避免制备过程中脆性相的析出。

2.1.1 不同 Ti 含量中熵合金的相结构

图 2-1 所示为不同 Ti 含量的 Ti$_x$(CoCrNi) 多组元合金的 XRD 图谱，其中 x 表示合金系统内 Ti 元素的摩尔分数。对比 XRD 图谱可以发现，随着 Ti 含量的增加，合金衍射峰与原始 CoCrNi 衍射峰的峰位基本相同，为面心立方结构，分别对应 FCC 相的（111）、（200）、（220）三个晶面，晶体结构没有发生明显的变化，但能够观察到衍射谱内的所有衍射峰随着 Ti 含量的增加向低角度方向产生了一定的偏移，由于 Ti 原子比 Co、Cr、Ni 的原子半径更大，在引入 0%、3%、6%、9%（摩尔分数）Ti 元素时，晶格常数经计算分别为 3.57192×10^{-10} m、3.58165×10^{-10} m、3.58383×10^{-10} m、3.58549×10^{-10} m，如图 2-2 所示，晶格常数随 Ti 含量增加而增大。由于增材制造是一个快速凝固的加工过程，在制备中 Ti 原子用于扩散的时间极短，对 CoCrNi 多组元合金基体产生的影响较小，其

原子均匀地分散在合金基体中。

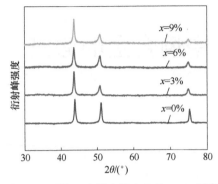 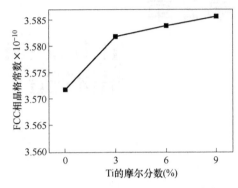

图 2-1　不同 Ti 含量中熵合金的 XRD 图谱　　图 2-2　不同 Ti 含量中熵合金晶格常数

2.1.2　不同 Ti 含量中熵合金的微观组织

选用 1.5kW 激光功率搭配 10mm/s 的扫描速度，制备出不同 Ti 含量的 Ti$_x$（CoCrNi）中熵合金，加工参数见表 2-1。图 2-3 所示为增材制造中熵合金块体的宏观形貌。样品成形性良好，表层光滑且较为平整，相邻单道间搭接合理并且层与层之间结合良好、堆积均匀，样品表面未发现宏观裂纹。块体样品平行于生长方向的面出现了球状颗粒附着的现象，这是由于加工过程中极小部分金属粉末未充分接触热源，只能部分熔化，以球状颗粒形式附着在块体样品周围。选择块体中心区域进行切割分析，避开了颗粒附着的位置。

表 2-1　不同 Ti 含量中熵合金及加工参数

合金种类	Ti 粉盘转速 /（r/min）	MEA 粉盘转速 /（r/min）	Ti 粉质量 /g	MEA 粉质量 /g
CoCrNi	0	1.2	0	15.2
Ti$_3$（CoCrNi）$_{97}$	0.1	1.3	0.903	16.4
Ti$_6$（CoCrNi）$_{94}$	0.1	1.1	0.903	13.6
Ti$_9$（CoCrNi）$_{91}$	0.2	1.2	1.312	15.2

图 2-3　增材制造中熵合金块体宏观形貌

　　图 2-4 所示为不同 Ti 含量中熵合金块体 BD（构建方向）、TD（垂直于 3D 打印路径方向）平行截面的显微组织。能够观察到样品的整体成形效果良好。图 2-4a 显示出具有增材制造特色的层间叠加熔池形貌（图中白色虚线所示）。未添加 Ti 的中熵合金在组织上呈现出细长的柱状晶，柱状晶方向与其所处熔池的边界相垂直，并在熔池区域内部接近规则排列；熔池边界附近区域能够观察到少量的细小等轴晶，于熔池边界处消失。加工过程中，在激光束移动后，熔池底部快速凝固生成细小的等轴晶；然而熔池内部的温度梯度较大，为产生柱状晶提供了有利条件，由于增材制造是一个连续加工的过程，后续加工会对之前的组织产生影响。在后一层加工中，前一层的熔池部分重熔，重复进行着快速凝固过程。重复的热循环相当于对已沉积的部分反复进行退火处理，使得熔池内部晶粒发生再结晶，导致晶粒长大。

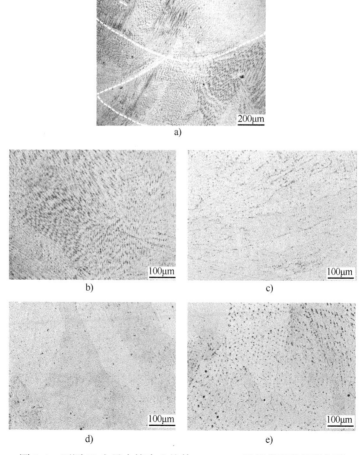

图 2-4　不同 Ti 含量中熵合金块体 BD、TD 平行截面的显微组织

对显微组织继续进行观察。图 2-4b~e 依次为加入 0%、3%、6%、9%（摩尔分数）Ti 的样品。随着 Ti 含量的增加，样品组织发生了改变。原始样品金相组织中柱状晶占据了熔池大部分区域，小部分为等轴晶；Ti_3（CoCrNi）$_{97}$ 的组织中柱状晶同样占据了熔池的大部分区域，而且更为细密，其余区域呈现出部分等轴晶、细密胞状晶与柱状晶。随 Ti 含量的增加，晶粒尺寸降低，柱状晶含量增加。在熔覆过程中，熔池内部各区域的温度梯度的差异导致了晶粒形态的不同，熔池边缘处快速凝固产生了薄薄一层细密的等轴晶；熔池中的温度梯度往往最大，晶粒沿着温度变化最陡峭的方向生长，形成了取向各异、朝向熔池中心生长的大片柱状晶。激光束光斑中央能量高于光斑边缘位置的能量，因此熔池中心区域接收的能量最多，在相应的凝固过程中其温度梯度最大，进而形成柱状晶。激光往复扫描的过程中产生重熔现象，最终形成的形貌为方向各异的柱状晶。

2.1.3　不同 Ti 含量中熵合金的硬度与拉伸性能

通过室温拉伸性能来衡量合金综合力学性能。图 2-5 所示为 Ti_x（CoCrNi）（x=0、3、6、9）中熵合金的工程应力 - 应变曲线，表 2-2 中所列为合金的力学性能指标——屈服强度（R_{eL}）、抗拉强度（R_m）以及断裂总延伸率（A_t）。

通过图 2-5 和表 2-2 可以看出：中熵合金的拉伸性能随着 Ti 含量不同而变化，其中，中熵合金原始试样具有良好的塑性，Ti_3（CoCrNi）$_{97}$ 试样与 Ti_6（CoCrNi）$_{94}$ 试样的塑性较好，而 Ti_6（CoCrNi）$_{94}$ 试样与 Ti_9（CoCrNi）$_{91}$ 试样在弹性阶段应力 - 应变曲线非常接近。

合金中没有加入 Ti 元素时，原始样的屈服强度为 542.3MPa。当向合金中加入少量的 Ti 时，

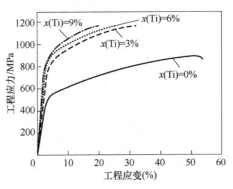

图 2-5　Ti_x（CoCrNi）中熵合金的工程应力 - 应变曲线

形成的 Ti_3（CoCrNi）$_{97}$ 合金的力学性能获得提升，其屈服强度达到 833.6MPa，抗拉强度为 1167.3MPa，并保持着 34.3% 的断裂总延伸率。Ti 含量增加到 6%(摩尔分数) 时，与原始样和 Ti_3（CoCrNi）$_{97}$ 相比较，Ti_6（CoCrNi）$_{94}$ 的强度继续升高，但塑性受到影响。当合金中的 Ti 含量达到 9%（摩尔分数）时，Ti_9（CoCrNi）$_{91}$ 屈服强度为 906.3MPa，抗拉强度为 1162.1MPa，但是塑性则产生了明显的降低，断裂总延伸率降至 19.9%。

表 2-2 不同 Ti 含量中熵合金的拉伸性能

合金类别	屈服强度 /MPa	抗拉强度 /MPa	断裂总延伸率（%）
CoCrNi	542.3	862.3	53.6
Ti$_3$（CoCrNi）$_{97}$	833.6	1167.3	34.3
Ti$_6$（CoCrNi）$_{94}$	875.8	1169.7	25.3
Ti$_9$（CoCrNi）$_{91}$	906.3	1162.1	19.9

Ti$_x$（CoCrNi）（x=0、3、6、9）中熵合金的洛氏硬度如图 2-6 所示。能够明显观察到：Ti$_x$（CoCrNi）中熵合金的洛氏硬度随合金中 Ti 含量增加而逐渐升高。当合金中不含 Ti 时，原始样品硬度为 22.3HRC，属于面心立方（FCC）固溶体结构；当向合金中加入少量的 Ti（x=3）时，样品依旧为 FCC 固溶体结构，但是合金硬度增加至 27.2HRC；继续增加合金中 Ti 的含量，合金硬度变动不大，Ti$_6$（CoCrNi）$_{94}$ 与 Ti$_9$（CoCrNi）$_{91}$ 的硬度分别为 28.7HRC 与 28.8HRC。由于 Ti 原子半径大于其余三种金属原子半径，体系中加入 Ti 后产生了大的晶格畸变，因此合金的硬度有所增加；由于 Ti 原子已存在于体系中，后续增加的 Ti 对晶格的影响变得不那么明显，硬度的提高受到限制。洛氏硬度测得的结果与拉伸性能变化趋势表现一致。

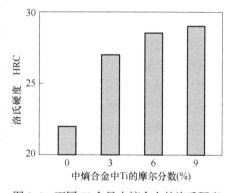

图 2-6 不同 Ti 含量中熵合金的洛氏硬度

目前公认的金属强化理论指出：金属的强度是在金属中的结构与位错相互作用的过程中得到提高的，包括材料自身原子性质、晶界对位错的阻隔作用、固有位错堆积缠结、合金中弥散分布的析出相对位错的阻碍作用以及固溶原子对位错的吸引作用等。由于采用激光增材制造的方式在 Ti$_x$（CoCrNi）中熵合金中引入不同含量的 Ti 元素，特有的快速凝固使得 Ti 原子的扩散时间极短，凝固后的组织近似；CoCrNi 中熵合金中不同原子占据面心固溶体结构的不同点位，造成了缓慢扩散效应，Ti 原子难以形成析出相。由于上述两个原因，Ti 原子在中熵合金中的主要强化机制为固溶强化。Ti 原子半径相比于合金中其他组元的原子半径更大，向合金中引入 Ti 元素后会使合金固溶体的晶格畸变更加严重，这一现象阻碍了相应滑移面上位错的移动；原子在位错线上产生了偏聚，形成了柯氏气团，其对位错存在钉扎作用，增大了位错运动所需要克服的阻力。一般来说，在合金中引入固溶原子会使合金的强度提高，在固溶溶解度内，加入元素的质量分数越高，强度提高越明显，但断裂总延伸率会相应下降。

向 CoCrNi 中熵合金中加入 3%（摩尔分数）Ti 时，由于固溶强化作用，合金的屈服强度得到相应提高，同时，由于钛元素的引入，对合金塑性产生了一定的影响，断裂总延伸率由 53.6% 下降到 34.3%。添加 Ti 元素会使合金的晶格畸变程度提高，形成高密度位错区域；另外，激光增材制造的快速凝固使样品中储存大量的原始位错，两种位错都提高了合金的屈服强度。晶粒细化与位错堆积协同强化也可以大幅度地提高中熵合金的屈服强度和抗拉强度。随着 Ti 含量增加，合金的屈服强度与抗拉强度均提高，但因受塑性下降的影响，未能完全发挥合金加工硬化的作用，$Ti_6(CoCrNi)_{94}$ 与 $Ti_9(CoCrNi)_{91}$ 最终的抗拉强度与 $Ti_3(CoCrNi)_{97}$ 相近。样品的洛氏硬度与其应力 - 应变曲线变化规律近似，可以互相验证。

2.2 时效处理对含 Ti 中熵合金的组织与性能的影响

由于上节中所提及的快速凝固过程，元素来不及扩散，难以形成脆性相。对使用激光熔化沉积技术制备出的含 Ti 中熵合金进行时效，在合金基体中产生纳米级析出相。据已有的文献，纳米级析出相在提高合金强度与维持其塑性两方面均起到了正面作用。研究析出相产生的条件成为问题的关键，为了探究时效温度对含 Ti 中熵合金的组织与性能的具体影响，对 2.1 节所制备的不同 Ti 含量的中熵合金，分别进行温度为 770℃、800℃、830℃、870℃、900℃的为期 4h 的时效处理，采用空冷，并对样品进行力学性能试验。

2.2.1 时效处理对含 Ti 中熵合金相结构的影响

图 2-7 所示为不同 Ti 含量的中熵合金在 870℃时效 4h 的 XRD 图谱。在图中能够观察到：随着 Ti 含量增加，X 射线衍射图谱中出现了新的衍射峰，这种现象证明样品在时效后产生了新相。在 $Ti_9(CoCrNi)_{91}$ 中可以看到明显区别于 CoCrNi 样品的衍射峰，在 $Ti_3(CoCrNi)_{97}$ 与 $Ti_6(CoCrNi)_{94}$ 中能够观察到在对应角度存在着微小的峰；相比于主衍射峰，能量较弱难以被观测。这可能是析出相与合金基体相比 Ti 含量过少而造成的。表 2-3 为不同时效参数、Ti 含量的中熵

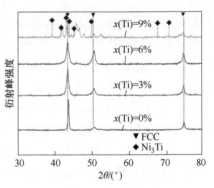

图 2-7 不同 Ti 含量的中熵合金时效后的 XRD 谱图

28

合金基体晶格常数。

表 2-3 不同时效参数、Ti 含量的中熵合金基体的晶格常数

时效温度 /℃	不同含量时效后对应晶格常数 ×10^{-10}		
	x(Ti)=3%	x(Ti)=6%	x(Ti)=9%
770	3.58130	3.58214	3.58388
800	3.57786	3.58073	3.58297
830	3.57632	3.58011	3.58157
870	3.57937	3.57951	3.57914
900	3.57632	3.57780	3.57656

由于合金基体中的 FCC 相含量过多，析出相衍射峰难以在 XRD 谱图中体现。由于固溶的 Ti 原子能够在一定程度上影响 FCC 相的晶格常数，因此计算出的晶格常数可以间接体现出不同时效温度对析出相含量的作用。

通过表 2-3 可知，当 Ti 含量为 3% 时，随着时效温度升高，合金 FCC 型基体晶格常数先减小后增大，可推测出：Ti 原子在高温条件下扩散析出产生析出相，固溶于基体中的 Ti 原子含量减少，晶格常数降低。Ti 含量为 6% 及 9% 时同样产生了类似的变化，证明了随温度升高晶格常数降低，相对应的，析出相含量增加。不同含量的样品经过 900℃时效后，晶格常数基本保持在相近数值，略大于原始样品的晶格常数，可以认为是时效后基体中仍保留着固溶 Ti 含量所对应的晶格常数。

2.2.2 时效处理对不同 Ti 含量中熵合金显微组织的影响

图 2-8 所示为不同 Ti 含量中熵合金样品时效后的显微组织形貌。图 2-8a 为原始试样经过 830 ℃时效 4h 后的金相照片，显示了合金组织与微观结构形态，能够观察到时效后原始试样的组织，"鱼鳞"状熔池之间衔接良好，在衔接处可以观察到由柱状晶向等轴晶的过渡。可以看到：熔池内部的晶粒尺寸存在差异，粗大的柱状晶呈外延生长形貌，部分柱状晶穿过了熔合线。这是由于多层激光增材制造过程中沉积粉末和前一层区域一起熔化而形成的，前一层熔池中的晶粒在下一层中继续生长。另一部分柱状晶未穿过熔合线，而是以熔合线为晶界。细小柱状晶远离熔池底部，这是因为晶粒在形核生长时，生长速度慢并且成核较晚，在遇到粗大柱状晶时便停止生长，因此晶粒细小。图 2-8b~d 所示是在此组织基础上发生了变化，能够观察到整体上比图 2-8a 中的晶粒更小，组织中以柱状晶为主，少量等轴晶被包裹在不同方向柱状晶中。在组织内部存在着片层状结构与胞状亚结构。随着 Ti 含量的增加，晶界变得更加曲折，这是由于析出相对晶界的强钉扎作用使晶粒生长受到阻碍所导致的。

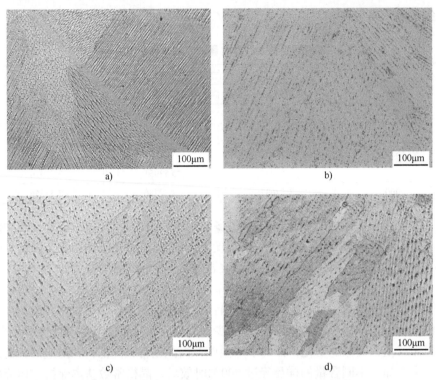

图 2-8　不同 Ti 含量合金样品时效后的微观组织形貌

为了更加直观地体现出时效后各成分组织的差异、相的差异以及分布状态，对时效后不同 Ti 含量的中熵合金进行了电子背散射衍射（electron backscattered diffraction，EBSD）测试。图 2-9 为不同 Ti 含量合金试样时效后的取向分布图（IPF）与相分布图（phase map）（彩色图见书后插页）。成分的差异产生了相的差异，在 $x(\text{Al})$=0% 的原始样品中仅存在 FCC 相，当 $x(\text{Ti})$ 增加为 3% 时，在晶界附近以及部分晶粒内部产生了少量析出相，当 $x(\text{Ti})$ 进一步增加至 6% 时，析出相在晶粒中大量分布，而 $x(\text{Ti})$ 增加至 9% 时，析出相含量迅速增加，相互连接并占据大部分空间。从取向分布图中可观察到原始样品经时效后，粗大的柱状晶向斜上方生长。这是因为在制备过程中，熔池搭接处存在微小角度，使得不同熔池的晶粒生长方向产生差异，晶粒生长向激光扫描方向倾斜，造成热传导的变化，使晶粒发生有取向的凝固。多层制备热量累计减小了热梯度，使得柱状晶粗大化。越靠近熔池顶部区域，柱状晶越细小，熔池最上方发生柱状晶向等轴晶转变的过程。当 $x(\text{Ti})$ 为 3% 时，由于析出相的存在，对晶界有着钉扎作用，有力地阻碍了晶粒生长，晶粒明显变小。当 $x(\text{Ti})$ 升高到 9% 时，能够观察到析出彼此连接，晶粒内部作为基体的 FCC 相被分割，晶粒得到进一步细化。

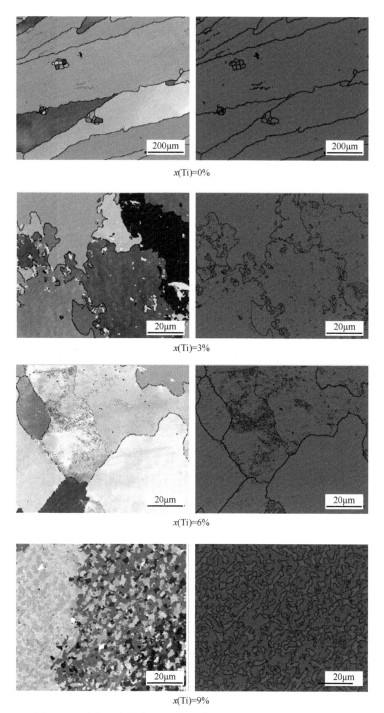

x(Ti)=0%

x(Ti)=3%

x(Ti)=6%

x(Ti)=9%

图 2-9　不同 Ti 含量合金试样时效后的取向分布图与相分布图

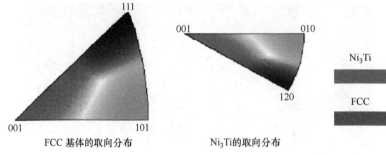

FCC 基体的取向分布   Ni₃Ti 的取向分布

图 2-9 不同 Ti 含量合金试样时效后的取向分布图与相分布图 (续)

注：彩色图见书后插页。

为了进一步确定合金中产生的析出相的结构，对 830℃ 时效 4h 后的 $Ti_3(CoCrNi)_{97}$ 样品进行透射电子显微镜观察，结果如图 2-10 所示。

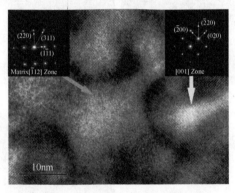

图 2-10 透射明场像以及衍射斑点

透射电子显微镜图像和选区电子衍射图都清楚地证实了 $Ti_3(CoCrNi)_{97}$ 中熵合金是由面心立方结构基体和同为面心立方结构的析出相 $L1_2$ 组成，分别以灰色箭头和白色箭头标示。在高分辨模式下能够明显观察到两区域的差异，白色箭头标示区域对应的衍射斑点中发现了超点阵斑点，这与 EBSD 图像中看到的物相保持一致。基于图中的明场像，发现 $L1_2$ 相颗粒的形状接近球形，析出相粒径约为 20nm。

时效后中熵合金是由面心立方相基体和同为面心立方析出相组成的。纳米级析出相的存在，使得合金获得了高的抗拉强度与优良的延展性。此外，合金内部存在大量析出相的区域在拉伸过程中能够实现对位错的阻碍，充分发挥析出相的强化作用，从而提高了合金的力学性能。

2.2.3 时效参数对中熵合金硬度与拉伸性能的影响

上节已知时效后的含 Ti 中熵合金在 EBSD 与 TEM 观察中均发现了析出

相的存在，析出相的形态、大小、数目以及分布情况与合金综合力学性能息息相关。通过热处理工艺的调整则能够改变上述因素，那么探索出一个性能提升效果最好的热处理工艺是很有必要的。因此设置了五组时效温度，分别为 770℃、800℃、830℃、870℃、900℃，对不同合金进行 4h 的时效处理，进行洛氏硬度与拉伸性能检验，进而确定最佳的时效工艺。不同时效温度下 Ti_x（CrCoNi）合金的洛氏硬度见表 2-4。

表 2-4　不同时效温度下 Ti_x（CrCoNi）合金的洛氏硬度

合金种类	洛氏硬度 HRC					
	未时效	770℃	800℃	830℃	870℃	900℃
Ti_3（CoCrNi）$_{97}$	27.0	39	38.0	34.5	31	30.5
Ti_6（CoCrNi）$_{94}$	26.5	38	40.5	36.5	33	32.5
Ti_9（CoCrNi）$_{91}$	29.0	41	43.5	38.0	36	36.5

从表 2-4 的数据能够看出：随着时效温度的升高，合金的洛氏硬度均呈现出先升高后降低的趋势；相同时效温度的情况下，Ti 含量越高样品硬度越大。上节中提到，合金在时效过程中会产生析出相，Ti 含量越多产生的析出相越多，进而提高了合金的硬度。另一方面，高温也会驱动晶粒长大，温度越高驱动力越强，使得晶粒尺寸变大、合金硬度降低。两者的作用效果相反，共同影响着合金硬度变化。时效析出进程还与合金中添加 Ti 元素的含量有关，Ti_3（CoCrNi）$_{97}$ 的硬度随温度升高而逐渐降低，在 770℃ 可供析出的元素已被耗尽，后续升温仅在增大晶粒尺寸；在 Ti_6（CoCrNi）$_{94}$ 与 Ti_9（CoCrNi）$_{91}$ 中存在着硬度先升高后降低的情况，表明在升温过程中依然存在着未完成的析出进程。Ti_9（CoCrNi）$_{91}$ 在时效温度为 800℃时硬度达到最大值为 43.5HRC。

洛氏硬度的测定仅能大致判断合金的力学性能，由于合金中可能存在的缺陷以及取样区域的局限性，有可能产生误差，因此有必要对合金样品进行室温下单轴拉伸性能测试。图 2-11 所示为各成分合金样品在不同时效温度下处理 4h 后的室温拉伸曲线。

通过图 2-11 能够观察到：Ti_3（CoCrNi）$_{97}$ 样品时效温度较低（770℃、800℃）时，屈服强度与抗拉强度均得到显著提升，但其塑性损失较大。强度的提高来源于析出相与固溶强化的共同作用，随着时效温度的升高，样品的屈服强度与抗拉强度逐渐降低，塑性增强，这是因为在时效过程中部分晶粒长大，金属材料中细晶强化作用降低。Ti 元素含量一定，高温下析出相的含量确定，在拉伸过程中将保留一定的塑性。由于 Ti_6（CoCrNi）$_{94}$ 样品中 Ti 含量更加充足，因此析出相的含量有所提升，相应高温时效后屈服强度得到了很大的提高，随之而来的是塑性的降低，仅为 7%。这对于层状材料组分而言是难以接受的。在 $Ti_9(CoCrNi)_{91}$ 样品中能够更为直观地观察到塑性的降低，Ti 含量充足的条件下，不同温度拉伸曲线相接近，析出相强化成为强度的主要来源，因此塑性损失很大。

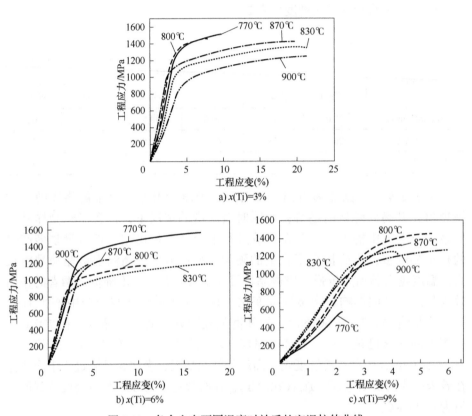

a) $x(Ti)=3\%$

b) $x(Ti)=6\%$

c) $x(Ti)=9\%$

图 2-11 各合金在不同温度时效后的室温拉伸曲线

上节的 EBSD 分析得出：$Ti_9(CoCrNi)_{91}$ 中析出相相互连接分割基体，合金样品塑性很差。表 2-4 的数据表明：时效过程中，合金将发生两种变化，一种是析出相的产生，另一种是晶粒粗化。溶质含量与时效温度两个条件共同制约着析出相的生成，在一定 Ti 含量的合金中结合对应的时效温度才可能产生微小、致密的析出相，提高合金综合力学性能。过多的析出相在较低温度下提高合金屈服强度，但塑性降低；在较高温度时析出相含量过多，易发生脆性断裂，影响合金性能。在适当的析出相含量下，过高的温度会使晶粒粗化，降低合金力学性能。通过对比验证，只有在 Ti 含量为 3%（摩尔分数）时，时效后的合金样品才有可能同时保证良好的塑性与强度。

2.3　本章小结

本章研究了 Ti$_x$（CoCrNi）中熵合金的形貌、组织与力学性能，结论如下。

随着 Ti 元素含量的增加，粗大的柱状晶转变为晶粒更为细小的组织。XRD 图像显示，添加 Ti 元素之后，CoCrNi 中熵合金一直表现为单一 FCC 结构，但晶格常数变大，合金的洛氏硬度与拉伸性能比原始合金试样均有显著提升。这些情况与 Ti 原子固溶有关，且 Ti 含量越多，变化越明显。

通过时效处理使含 Ti 中熵合金中产生了析出相，通过 XRD 图谱分析证实时效处理能在合金中诱发新相。从 EBSD 图像能够观察到：随 Ti 含量的增加，析出相先在晶界附近析出，并钉扎在晶界附近位置；析出相的存在使得合金晶粒更加细小，晶粒细化有利于提升合金强度。不同 Ti 含量时效后的样品与未经时效的样品相比，晶格常数更小，这是由于在时效过程中 Ti 原子扩散析出使得合金基体中固溶的 Ti 原子含量降低所导致。为了确定析出相结构，通过 TEM 观察析出相的原子排列与衍射花样，最终确定析出相为 L1$_2$ 相，与 FCC 基体共格。

洛氏硬度试验与拉伸试验也证实了时效后不同 Ti 含量的中熵合金存在着力学性能差异，并确定了最佳的时效工艺参数：时效温度为 830℃，时效时间为 4h，空冷至室温。

以上进行了前期试样制备与时效工艺摸索以及组织与数据分析，为后续层状结构中熵合金的制备提供了工艺参考和理论基础，有着很大的实践意义。

第3章

层状结构中熵合金的激光增材制造

3.1 层状中熵合金组织与性能分析

由第 2 章可知，使用激光增材制造技术可以成功地制备 Ti_x（CoCrNi）中熵合金，通过调整 Ti 含量以及后续热处理可使中熵合金出现力学性能差异，具体来说为洛氏硬度与拉伸性能差异。即只需要简单地调整 Ti 元素含量与时效参数，就可以控制 CoCrNi 中熵合金的性能，从而形成合金块体层间的性能差异。值得注意的是，成分差异能够在制备过程中形成，这一点为层状结构中熵合金的制备提供了试验基础。

本章将使用同轴送粉的激光增材制造技术，选用粉末粒径为 53~105μm 的 CoCrNi 中熵合金粉末与纯度 99.9% 的 Ti 单质粉末，在 45 钢基板上制备具有软硬差异的层状结构中熵合金。制备的层状中熵合金结构为两层软质层包裹硬质层。此外，时效后 Ti 元素会促使基体产生析出相，由于析出的钉扎作用会使晶粒更加细小，而 Ti 元素含量不高的中熵合金体系内部存在柱状晶粒，那么将具有不同晶粒尺寸、不同析出相分布特点的材料结合在一起，就能够获得微观意义上的异质结构材料。通过组织分析与力学性能的测试来研究层状结构对中熵合金性能的影响。

3.1.1 层状结构中熵合金的宏观形貌和金相组织分析

1. 宏观形貌

制备好的块体样品如图 3-1 所示。选择将 Ti 含量相对较少的中熵合金置于底部，避免首层沉积与基板之间产生翘边、开裂的不利影响。由于激光熔化沉积是一个熔池反复熔化凝固的过程，在熔覆起始阶段会出现基板成分与制备成分相混杂的情况，会对制备件组织与性能产生一定的影响。为了排除这方面的干扰，先激光 3D 打印三层均质 CoCrNi 来作为基板与制备块体之间的保护层。更重要的一点，等摩尔比 CoCrNi 中熵合金的线胀系数与作为基板的 45

钢相近，能够减少由于热膨胀导致的内应力，适合充当保护层材料，保证激光 3D 打印件的成形性。从图 3-1 能够观察到：层状结构中熵合金表层光滑，块体顶部区域平整，未出现顶层凸起或下凹，样品成形性良好。从块体侧边可以看出：层间、单道之间搭接紧凑，排列均匀，过渡平滑，未发现裂纹、气孔等明显缺陷，颗粒状粘连情况很少。由此证明：所采用的加工参数可以确保块体样品具有非常好的整体形貌。这为后续的组织分析与力学性能测试提供好的样品。详细加工参数：激光额定功率为 1.5kW，激光扫描速度为 600mm/min，单层加工中送粉速度控制在约 16g/min。

图 3-1   层状结构中熵合金的宏观形貌

2. 金相组织分析

时效工艺对层状结构的产生有着极为关键的作用，结合第 2 章所提及的最佳时效工艺，对制备出的成分分层变化样品进行 830℃×4h 时效处理，冷却方式为空冷。对时效处理后的层状结构样品进行金相分析。为保证试验的严谨性，将未经时效的同种合金样品进行相同的金相分析，进而探究层状结构合金不同区域内金相组织的差异。

将切割出的方块试样依次进行粗砂布打磨、细砂布研磨以及抛光等前期准备工作，将试样光亮表面在腐蚀液（5g CuCl₂+100mL HCl+100mL 无水乙醇）中持续腐蚀 80s 左右，期间观察试样表面颜色变化，当看到试样表面光亮消失，呈现暗灰色时，用清水将试样表面腐蚀液洗净，用脱脂棉蘸取无水乙醇去除表面水渍，使用风筒吹干备用。将试样放置于光学显微镜的试样台上观察并记录。显微组织如图 3-2 所示。

能够在图 3-2a 中观察到：组织中出现了时效后的粗大柱状晶。熔池内部区域的晶粒尺寸存在差异，粗大的柱状晶外延生长，部分柱状晶穿过了熔池边界，这是由于多层激光增材制造过程中沉积粉末和前一层区域一起熔化而形成，前一层熔池中的晶粒在后一层中继续生长。能够看到不同 Ti 含量的合金在时效后的组织差异。图 3-2b 中熔池内部胞状晶含量明显上升且大部分分布在细密柱状晶附近；将其组织继续放大进行观察，图 3-2c、d 均为熔池中柱状晶的显微组织。晶粒形态上的差异是因为在凝固过程中的热梯度使得晶粒向各个方向生长，因此图中可看见柱状晶在不同角度下的形态。

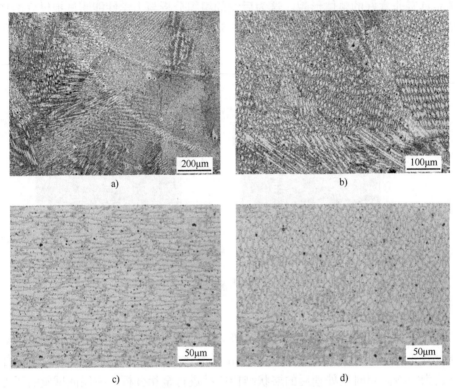

图 3-2　层状结构中熵合金的显微组织

3.1.2　层状结构中熵合金的宏观 EBSD 分析

　　为了进一步了解层状结构中熵合金的组织结构，包括晶粒尺寸、相组成、析出相分布情况等信息，对其进行了 EBSD 分析。其取向分布图与相分布图如图 3-3 所示（彩色图见书后插页），蓝色代表 FCC 相基体，红色代表 $L1_2$ 析出相。在宏观 EBSD 相分布图中，析出相分布表现出明显差异，图 3-3a 中已使用黄色虚线划分，上、下为硬质层，中间为软质层，可以归纳两种析出相分布模式，分别对两种模式进行放大观察。软质层内几乎全部为蓝色基体，析出相仅有零星分布，生成的析出相含量少，如图 3-3b 所示；硬质层内蓝色基体的同一晶粒内部，析出相大量存在且弥散分布，如图 3-3c 所示。就晶粒形态来看，软质层的柱状晶出现了较为明显的粗化现象，这是由于时效加热过程中晶粒长大所致；硬质层晶粒尺寸比软质层的小，这是由于析出相的存在抑制了晶粒的长大。

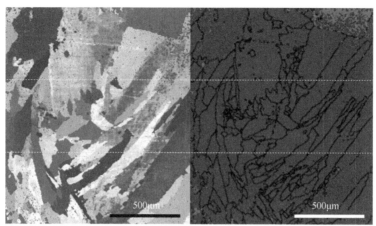

a) 层状结构

b) 软质层

c) 硬质层

图 3-3　层状结构中熵合金的取向分布图与相分布图

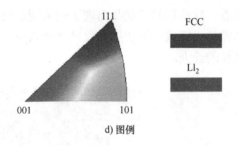

d) 图例

图 3-3 层状结构中熵合金的取向分布图与相分布图（续）
注：彩色图见书后插页。

3.1.3 层状结构中熵合金的力学性能

构造出的层状结构中熵合金的析出相分布有差异，这种分布的不均匀在性能上表现为不同区域内合金硬度不同。第 2 章中已经提及，不同含量及温度的合金样品的洛氏硬度有着明显的差别。由于洛氏硬度压痕较大，难以精准地测得微小区域内硬度变化情况，因此采用显微硬度来进行试验。

将层状结构中熵合金切割出 8mm × 8mm × 3mm 的块状试样，取样时短棱平行于激光扫描方向，并设为高，打磨试样并保证上下表面平行，将其切割痕迹去除并且划痕保持在同一方向，随后将其抛光至划痕不可见。此举是为了尽可能地减少划痕在显微硬度测量中产生影响。对制备出的层状试样进行显微硬度测试，具体显微硬度测量方案与结果如图 3-4 所示。

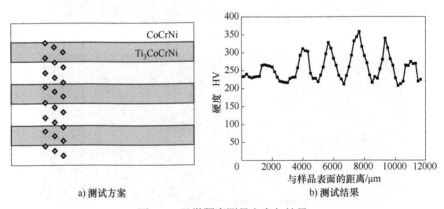

a) 测试方案　　　　　　　　　b) 测试结果

图 3-4 显微硬度测量方案与结果

显微硬度测试的取点方式如图 3-4a 所示，选取若干列测试点进行显微硬度试验，相邻点的间距维持在 500μm，相邻列整体向上移动约 165μm，共采集三列，此方案目的是避免取点距离过小导致测量结果受上一取点位置干扰。具体显微硬度值如图 3-4b 所示，可以看到整体的显微硬度变化趋势，选点位置跨过了软硬层间的区域，显微硬度随着与试样表面距离的增大而发生变化，不同距离层间硬度极大值区间与硬度极小值区间分别相接近，符合最初的预期。

显微硬度仅能在一定程度上判断层状结构存在而不能具体地体现出其力学性能，因此需要对层状结构中熵合金样品进行拉伸性能测试。拉伸试样尺寸为 16mm×3mm×3mm，为了给后续研磨与抛光处理预留出空间，实际加工尺寸要比设计尺寸多出 0.5mm 的加工余量，同种试样制备 6 个以避免试验偶然性。使用砂布消除表面加工痕迹，并且保证划痕为同一方向。接着将平行于长度方向的试样表面抛光，消除划痕对材料性能的影响。拉伸试样断裂前后的宏观形貌如图 3-5 所示。

层状结构合金与对应的 $x(\text{Ti})=0\%$ 和 $x(\text{Ti})=3\%$ 的均质合金的应力-应变曲线如图 3-6 所示。图中中间的黑线表示层状结构合金室温下拉伸性能曲线，表现出良好的综合力学性能。与均质成分合金相比，屈服强度与抗拉强度分别提升了 310MPa 与 300MPa，其断裂总延伸率提高到了 35%。能够看出层状结构合金结合了两者性能优势，既保证较高的屈服强度与抗拉强度，同时保留了良好的塑性。与混合定律的强度预估值相比，强度与塑性均有部分提升，证明存在着异质结构材料的额外强化机制。

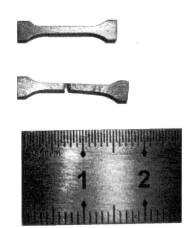

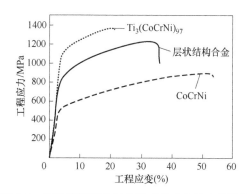

图 3-5　拉伸试样断裂前后宏观形貌　　图 3-6　层状结构材料与均质成分合金的力学性能

3.2　层状结构强韧化机制

由上一小节可知，层状结构中熵合金具有良好的塑性以及高的屈服强度与抗拉强度，本节将对其性能进行分析。

在硬质层组分的均质合金中，晶粒内部存在着大量且分散的析出相，给予了很大的加工硬化能力，起到了好的强化作用。在拉伸变形的过程中，对位错产生阻隔、钉扎作用，积累了大量的位错，进而实现了高强度。

在拉伸层状结构中熵合金的过程中，由于析出相的作用，硬质层的加工硬化能力远高于软质层，这导致了随着拉伸的进行，硬质层与软质层之间的强度差不断变化，且不会消失。随着拉伸的进行，同等载荷下的强度差异造成了层间承载应变不协同，产生了应变梯度。软质层在这个过程中承担了更高的应变，为了协调这种应变梯度差异，软质层在其靠近界面附近区域产生、堆积了几何必要位错（GNDs），提高软质层的强度并改善其加工硬化能力。在这个过程中，硬质层内析出相仍具备使硬质层加工硬化提高强度的能力。也就是说，在当前阶段，软质层连同 GNDs 堆积的加工硬化能力仍未超过硬质层。在这个过程中，硬质层与软质层一直存在着强度差异，促使两者以不同方式共同进行强度提升。

硬质层组分的均质合金通过析出相实现强度提升，在变形过程中易发生应力局部集中导致塑性失稳引发断裂。在层状结构合金中，软质层对硬质层起到包裹作用，硬质层中发生的局部应力集中通过界面将部分应力引导至其他区域，软质层薄弱处发生应变的同时产生一定强化，应变同样借助界面使其他区域一同承担。这两个过程有效延缓了材料塑性变形中的不稳定性。继续加载直至析出相加工硬化能力被完全开发，强度达到最大值，软质层在背应力的加持下强度提升到与硬质层相当，合金难以维持其原有的强化作用，发生局部应力集中，最终发生断裂。

3.3 本章小结

激光增材制造技术具有逐层制备的加工成形特点，适用于层状材料制备。本章引入层状结构以提升中熵合金综合力学性能，采用 CoCrNi 中熵合金为模型合金，选择激光熔化沉积技术及热处理工艺，研究了一种在中熵合金中构建层状结构的新方法，结论如下。

1）采用双筒同轴送粉的激光熔化沉积技术，制备出了 Ti 元素含量从低到高的四种 Ti_x（CoCrNi）（$x=0$，3，6，9）中熵合金。不同 Ti 含量的 CoCrNi 中熵合金一直为单一 FCC 结构，未产生新相，合金的洛氏硬度均比原始试样有显著提升。这与 Ti 原子固溶作用有关，Ti 含量越多，变化越明显。中熵合金的室温拉伸性能：强度与硬度提高，塑性下降。

2）对不同 Ti 含量中熵合金进行时效处理。通过 XRD 图谱可知时效处理后可以使合金中产生新相；通过 EBSD 分析获悉析出相在基体中弥散分布；采用 TEM 分析衍射斑点确定了析出相为 $L1_2$ 相，与 FCC 基体共格；高倍明场像显示析出相呈球状，其粒径约为 20nm。

3）对不同 Ti 含量中熵合金进行不同温度时效处理并测试其硬度与拉伸性能，来探究时效最佳工艺。试验结果表明：Ti 元素含量过高会产生大量析出相，析出相相互连接，影响材料塑性；过高时效温度促进析出相产生并使晶粒粗大，不利于合金性能；当 Ti 含量为 3%（摩尔分数），时效温度为 830℃时，能够在保证塑性的同时获得较高的屈服强度与抗拉强度。

4）采用激光增材制造技术以及后续时效处理成功制备了软硬层相互叠加的层状结构中熵合金。通过对不同区域内金相组织观察发现：合金内部的组织完整，析出相分布区域比较明显。EBSD 图像显示出明显的层状结构：硬质层内主要是 FCC 相基体，$L1_2$ 相在晶粒内部均匀分布；而软质层内绝大多数是 FCC 相，几乎不存在析出相。室温下拉伸试验也证实了中熵合金强度得到显著提高，并且塑性相对于硬质层成分均质合金获得了提升。层状结构中熵合金强度与塑性均超出了混合规则的预估值，其综合力学性能得到了提高。

第 4 章

CoCrFeMnNi 高熵合金的激光增材制造

激光增材制造（激光 3D 打印）技术是在单道打印的基础上多道搭接逐层累积的成形工艺，只有获得无内部缺陷、组织致密、搭接良好的打印层才能满足实际工业生产的要求。由于激光 3D 打印的冷却速度快，经历的热循环复杂，造成了微观组织形貌和性能分布的复杂性。因此工艺参数是决定激光 3D 打印样品成形是否良好和性能好坏的关键因素。本章采用激光熔化沉积技术，研究激光功率、扫描速度对单道打印合金的影响规律，并且对由此工艺打印出的大块 CoCrFeMnNi 高熵合金的组织与力学性能进行了详细的研究。为后面（第 5 章和第 6 章）制备 Al_x（CoCrFeMnNi）高熵合金的研究提供工艺基础。

4.1　激光单道打印工艺参数对合金几何形貌的影响

激光 3D 打印 CoCrFeMnNi 高熵合金是一个"由线到面、由面到体"的过程，单道的质量决定了整个合金的激光 3D 打印质量，因此对于单道打印工艺的研究就显得尤为重要。评估激光 3D 打印质量好坏，首先是观察试样的表面，好的打印质量是表面光亮，无明显的氧化，无宏观的裂纹和气孔等缺陷，两侧球化和粘粉较少。随后对激光 3D 打印合金进行测量，激光 3D 打印合金的尺寸应与预设尺寸接近。最后对样品的截面进行观察。

激光 3D 打印 CoCrFeMnNi 高熵合金的单道截面形貌如图 4-1a 所示，结合图 4-1b 可以看出：单道打印层宽度 B、打印层高度 H、打印层熔深 h 是衡量单道质量的三个关键参数。根据以往的经验和机器的特性，激光器的光斑直径设为固定值，在保证送粉量（13g/min）一定的情况下，主要探究激光功率和扫描速度对打印单道的几何形貌的影响规律，以选出合理的功率和扫描速度参数，为进一步激光 3D 打印大块 CoCrFeMnNi 高熵合金做准备。

以激光功率 P 和扫描速度 V_s 为变量得到的单道打印外观形貌如图 4-2 所示。

可以看出工艺参数对单道几何形貌的影响十分显著。通过测量单道打印层宽度 *B*、打印层高度 *H*、打印层熔深 *h*，绘制成图 4-3 的曲线。

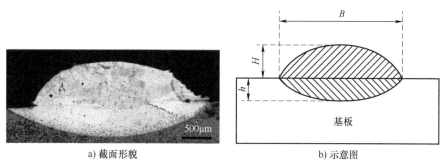

a) 截面形貌	b) 示意图

图 4-1　CoCrFeMnNi 高熵合金单道截面形貌和示意图

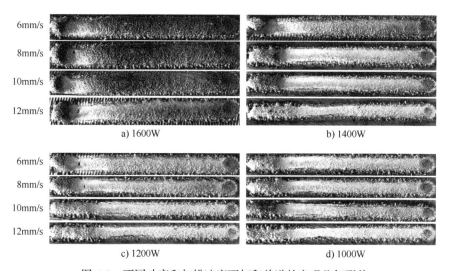

图 4-2　不同功率和扫描速度下打印单道的宏观几何形貌

从图 4-2a 可以看出：当功率为 1600W 时，单道打印层宽度都比较宽，普遍大于 4mm，表面光滑，粘粉和单道两侧的粉末球化现象都很少。当功率为 1400W 时，随着扫描速度的提高，单道打印层宽度逐渐变窄，表面较为光亮（图 4-2b）。当功率低于 1400W 时，单道打印层质量明显变差，粘粉球化现象较为严重，这是能量密度不足导致的。图 4-3 曲线直观地表现了这种趋势，当功率一定时，随着激光扫描速度的增加，单道打印层宽度 *B*、打印层高度 *H*、打印层熔深 *h* 的变化趋势不同。当功率为 1000W、1200W、1400W 时，随着扫描速度的增加，宽度 B、高度 H、熔深 h 都是降低的。当功率达到 1600W 时，扫描速度对打印层高度不敏感，打印层宽度随扫描速度的增加而变窄；熔深随着扫描速度的增加而降低。从能量的角度分析，根据热输入公式 $E=P/V_s$，在一定功率条件下，随着扫描速度的提高，能量密度是降低的，即在单位长度内吸收的能量变少，导致了熔池变小，粉末利用率低，使得打印单道宽度变窄和高度降低，打印单道表面粘粉和球化现象也是由于能量密度不足导致熔合不全而造成的。当功率达到一定水平时，足够的能量密度使单位时间内获得的粉末完全熔化，因此功率和扫描速度对打印层高度影响不明显。

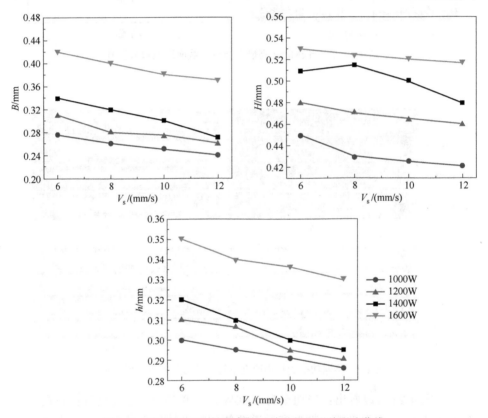

图 4-3　不同激光 3D 打印参数对单道截面形貌影响曲线

结合图 4-2 和图 4-3，当功率为 1400W 时的单道形貌最佳，单道打印层宽度与激光光斑直径接近，并且当打印速度为 10mm/s 时，单道形貌最为饱满，打印层高度约为 0.5mm。对该样品截面进行观察，截面无明显的缺陷。因此选择 1400W 为合适的激光功率，扫描速度为 10mm/s，在多层打印时，每层提高 0.5mm。

4.2 激光 3D 打印大块 CoCrFeMnNi 高熵合金的组织与力学性能

在单道打印工艺研究的基础上，选择合适的激光 3D 打印参数：激光功率为 1400W，扫描速度为 10mm/s，在 45 钢基板上成形大块 CoCrFeMnNi 高熵合金，如图 4-4 所示。从合金的宏观照片可以看出：激光 3D 打印合金的成形性良好、堆积均匀、表面光滑、无明显氧化痕迹、形貌规则、无宏观裂纹，并且合金尺寸和形状与系统预设的尺寸形状基本一致。合金的侧面存在少量球化现象，这是每层打印边缘存在未熔化的粉末与熔池周围相粘连的结果，在进行力学性能的测试和组织结构表征时可作为加工余量去除。

图 4-4 激光 3D 打印的大块合金宏观形貌

在保证激光 3D 打印合金成形性良好的情况下，采用光学显微镜（OM）、X 射线衍射技术（XRD）、扫描电子显微镜（SEM）、X 射线能谱（EDS）等手段对激光 3D 打印高熵合金的相结构、微观组织、元素分布进行系统研究，并对其力学性能进行测试。

4.2.1 激光 3D 打印大块 CoCrFeMnNi 高熵合金的相结构

将制备好的 CoCrFeMnNi 高熵合金和激光 3D 打印前的合金粉末进行 X 射线衍射测试，其 XRD 图谱如图 4-5 所示。结果表明：激光 3D 打印合金与粉末均为单相 FCC 结构，证明在激光 3D 打印过程中没有相变发生，与文献报道的相一致[68]。激光 3D 打印合金与试验粉末 XRD 图谱不同的是，激光 3D 打印合金的（200）衍射峰强度很高，证明合金在（200）方向具有明显的择优取向。并且从图 4-5 的插图中可以看出：激光 3D 打印合金与粉末相比，（111）峰位置有明显的左移。说明激光 3D 打印过程引入了更大的晶格畸变，这与激光 3D 打印技术极高的冷却速度有关。

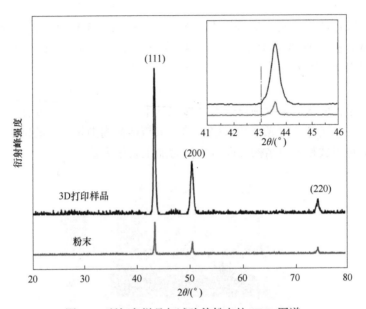

图 4-5　所打印样品与试验前粉末的 XRD 图谱

4.2.2　激光 3D 打印大块 CoCrFeMnNi 高熵合金的微观组织分析

图 4-6 为激光 3D 打印大块 CoCrFeMnNi 高熵合金垂直于激光扫描方向截面的微观组织形貌。图 4-6a 为截面整体的形貌，图 4-6b 为搭接区域的微观组织照片。从图 4-6a 可以看出：截面显示出典型的"鱼鳞"状熔池，每个熔池形状类似，搭接区域光滑；熔池中存在细密的树枝晶，树枝晶的生长方向倾向于熔池中心方向，与打印方向呈一定的角度，并且观察到有些定向凝固的树枝晶贯穿多个熔池，在打印层的顶部有树枝晶向等轴晶的转变；每层每道之间实现了牢固的冶金结合，不存在熔合不良和裂纹缺陷，只有少量气孔存在，可能是由于预制粉末中存在中空粉末，极高的冷却速度使得气体来不及溢出所导致的。高倍下的金相照片（图 4-6b）可以看出：不同打印层存在明显的界限，根据受热情况不同，搭接区域可以分为重熔区和热影响区两部分。重熔区是前一层的顶部由于再次受激光扫描，部分晶粒受热熔化所形成的区域；热影响区是前一层组织受热但未熔化的区域，与重熔区相邻。重熔区和热影响区的组织具

有显著的差异，前一层顶部的等轴晶粒由于激光热源的重新加热而熔化，转变成定向凝固的树枝晶，这也是形成外延生长树枝晶的原因。热影响区的晶粒受热，但未达到熔化温度，这使得组织出现粗化现象。

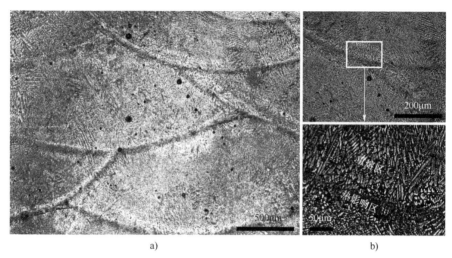

a) b)

图 4-6 3D 打印大块 CoCrFeMnNi 高熵合金垂直于激光扫描方向截面的微观组织形貌

晶粒的尺寸和形状是由凝固行为所控制的，熔池中的晶粒初始生长是从重熔区的晶粒外延生长而开始的，生长方向倾向于最大温度梯度的方向。一般来说，在激光 3D 打印过程的初始阶段，底层的温度较低，熔池底部的温度梯度最高，热量主要是沿最大温度梯度方向，也就是垂直于熔池底部向底层散热，从而形成定向凝固的组织特点，此时温度梯度是凝固最大的驱动力。另外，晶粒的生长还存在易生长方向，例如 FCC 结构的晶粒，<100> 方向为其易生长方向，因此随后的晶粒将经历竞争生长的过程，平行于最大温度梯度和易生长方向的晶粒将会更容易长大，明显偏离最大温度梯度方向的晶粒生长将会受到抑制。当热影响区和重熔区的温度趋向于稳定时，温度梯度降低，热量向底层传递的强度减弱，积累的热量将通过氩气介质向周围环境中散失，熔池处于向多个方向散热的状态，因此在熔池顶部容易形成粗大的等轴晶。

为研究在激光 3D 打印过程中是否存在元素的不均匀性的问题，对腐蚀后的合金进行了 SEM 和 EDS Mapping 分析。图 4-7 为大块合金搭接区域扫描电镜下的微观组织形貌与元素面分布图。从图 4-7a 可以看出：大块合金的微观组织包含细密的树枝晶和细小的等轴晶，搭接区域呈现由等轴晶向树枝晶过渡的形态，并且具有明显的外延生长特征。EDS Mapping 分析结果显示（图 4-7b、c、d、e、f）：在该尺度上，五种元素分布均匀，不存在明显的元素偏析。合金的成分见表 4-1，可以发现各元素的含量与预设成分相当，只有细微的差别。这种元素含量的差别是由晶间凝固速率的差异造成的，表明 CoCrFeMnNi 高熵合金在成分上具有很高的自由度，即使元素含量有轻微的差别，依然保持单相 FCC 的结构。激光 3D 打印 CoCrFeMnNi 高熵合金的均匀性是因为小熔池，即每个熔融区域都很小，快速凝固使得树枝晶来不及实现元素的富集，从而避免了元素的偏析。另一方面，每一次激光扫描过程都相当于对已打印部分进行退火，使得元素分布均匀化。

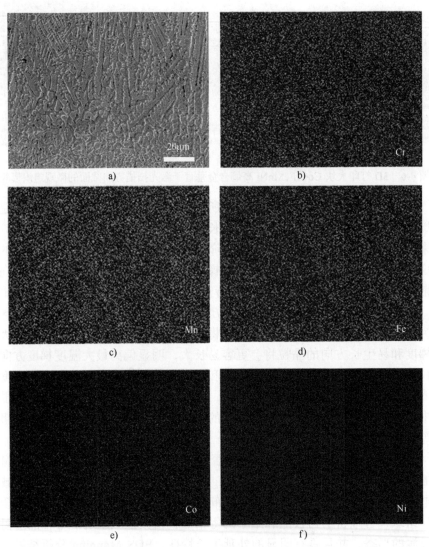

图 4-7　大块合金搭接区域扫描电镜下的微观组织形貌与元素面分布图

表 4-1　合金的成分

元素	Cr	Mn	Fe	Co	Ni
含量 （%，摩尔分数）	19.72	19.90	21.68	19.35	19.35

　　为了进一步研究所打印大块合金的晶粒尺寸和取向分布问题，对该合金进行 EBSD 分析，结果如图 4-8 所示（彩色图见书后插页）。从图 4-8a 可以看出：合金的中上部主要为定向凝固的晶粒，下部主要是细小的等轴晶，反映了由等轴晶到柱状晶过渡的形貌特征；从下到上晶粒明显粗化，这是由于热量的积累使得温度梯度降低，熔池上部的柱状晶生长的长度减小，使得晶粒明显粗化。从图 4-8b 可以看出：合金的晶粒尺寸分布在 10~200μm 范围，存在显著的变化，这种组织的不均匀性也是激光 3D 打印制备合金的组织特征之一。从图 4-8c 合金的极图可以看出：合金不存在明显的织构，只有 <100> 方向的取向强度较大。这是与晶粒的生长方向有关的，说明 3D 打印过程中，最大温度梯度的方向与 <100> 方向平行，同时 <100> 方向也是 FCC 晶体的易生长方向。

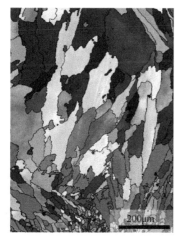

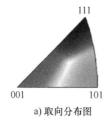

a) 取向分布图

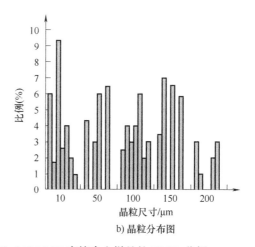

b) 晶粒分布图

图 4-8　激光 3D 打印的大块 CoCrFeMnNi 高熵合金样品的 EBSD 分析

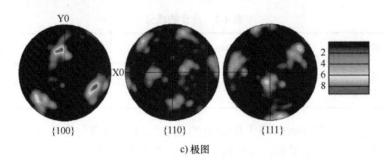

c) 极图

图 4-8   激光 3D 打印的大块 CoCrFeMnNi 高熵合金样品的 EBSD 分析（续）

注：彩色图见书后插页。

4.2.3   激光 3D 打印大块 CoCrFeMnNi 高熵合金的力学性能

在室温条件下，对激光 3D 打印大块 CoCrFeMnNi 高熵合金试样进行了拉伸测试，工程应力 - 应变曲线如图 4-9 所示。激光 3D 打印大块高熵合金的屈服强度约为 370MPa，抗拉强度约为 570MPa，断裂总延伸率约为 50%。激光 3D 打印 CoCrFeMnNi 高熵合金具有优异的强度 - 韧性组合，与铸态合金相比，强度明显提高，综合性能更加优异[89]。

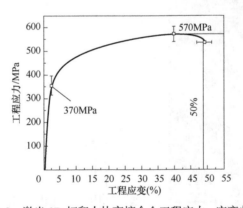

图 4-9   激光 3D 打印大块高熵合金工程应力 - 应变曲线

激光 3D 打印高熵合金的力学性能主要还是取决于合金的晶体结构。对于晶体结构而言，BCC 结构的材料具有较少的滑移系，因而强度较高，但塑性较差；FCC 结构的材料具有更多的滑移系，更容易发生滑移和位错运动，故而表现出较好的塑性和较低的强度。根据前几节针对激光 3D 打印 CoCrFeMnNi 高熵合金组织形貌的分析可知，激光 3D 打印 CoCrFeMnNi 高熵合金具有单相 FCC 固溶体结构，因此表现出优异的塑性。激光 3D 打印合金的晶粒较为粗大，但具有精细的亚结构，并且由细小的等轴晶向柱状晶过渡的不均匀结构同样可以起到提高材料强度的作用，这也是激光 3D 打印合金的强度优于铸态合金的原因之一。

图 4-10 是激光 3D 打印合金试样拉伸前与室温拉伸试验后的宏观对比照片，可以看出：拉断后的试样有明显的伸长，表面较为粗糙，存在一定的颈缩现象。

图 4-11 为拉伸试样断口形貌。由图 4-11a 断口的整体形貌可以看出：断口表面呈暗灰色，存在一定的起伏，此外断口表面还有一些气孔分布。由图 4-11b 可以发现：拉伸断口具有明显的韧窝特征，韧窝尺寸在 1~5μm 范围，

图 4-10　激光 3D 打印合金试样拉伸前与室温拉伸试验后的宏观形貌

韧窝底部存在一些球形的第二相粒子，经 EDS 能谱分析表明，这些第二相粒子为富 Cr、富 Mn 的化合物。由此可以判断激光 3D 打印 CoCrFeMnNi 高熵合金的失效形式是塑性断裂。

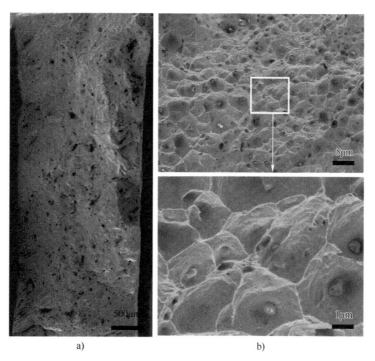

a)　　　　　　　　　　b)

图 4-11　激光 3D 打印样品拉伸断口形貌

4.3 本章小结

本章对激光 3D 打印 CoCrFeMnNi 高熵合金的单道工艺和由此工艺打印的大块样品的微观结构、力学性能进行了研究，得到结论如下。

1）通过对单道工艺的探索，主要研究了激光功率和扫描速度对单道打印层几何形貌的影响，综合分析了单道宽度、高度、熔深三个关键参数，本着简化试验步骤，提高试验效率的原则，最终确定了最佳的激光功率（1400W）和扫描速度（10mm/s），为下一步试验提供了工艺准备。

2）利用确定的工艺参数，成功制备了大块 CoCrFeMnNi 高熵合金，并对其组织结构和力学性能进行了研究。XRD 结果表明：激光 3D 打印 CoCrFeMnNi 高熵合金为单相 FCC 结构。从光学显微镜照片可以看出：垂直于扫描方向的截面呈现典型的鱼鳞状，样品的微观组织包含细密的树枝晶和细小的等轴晶，并且树枝晶的生长方向倾向于熔池中心方向，这与最大温度梯度方向有关。扫描电镜和 EDS 的分析结果表明：合金的元素分布均匀，不存在元素分离。EBSD 分析结果表明：从熔池底部到顶部呈现出由细小的等轴晶到柱状晶过渡的形态，晶粒逐渐粗大，尺寸分布在 $10\sim200\mu m$ 范围，并且未表现出明显的织构。

3）测试了激光 3D 打印大块 CoCrFeMnNi 高熵合金的室温拉伸性能，表现出较为优异的强度 - 韧性配合。断口具有明显的塑性韧窝，说明激光 3D 打印 CoCrFeMnNi 高熵合金的失效形式是塑性断裂。

第 5 章

Al$_x$（CoCrFeMnNi）高熵合金的激光增材制造

5.1 概述

作为典型的 FCC 单相固溶体结构的高熵合金，CoCrFeMnNi 高熵合金表现出良好的塑性，但是强度不足以满足工业化应用的要求，因此需要对 CoCrFeMnNi 高熵合金进行强化，目前的强化方式主要有固溶强化、细晶强化、第二相强化和加工硬化，其中最有效的方式是第二相强化。第二相强化是指在基体相中引入硬质相。硬质相分为可变形微粒和不可变形微粒两种。当第二相微粒均匀弥散地分布在基体中时，将显著提高合金的强度。第二相强化的原理：引入的第二相与位错产生强烈的交互作用，得到阻碍位错运动的效果，从而提高合金的变形抗力。随着对高熵合金研究的开展，越来越多的性能优化方式被提出，比如相变诱导塑性（TRIP）效应使合金的强度和塑性都得到改善。除了调控合金原有成分以外，引入其他元素对高熵合金进行合金化的方式也是目前研究的热点。例如，在 FCC 高熵合金中添加 Al、Ti 等，在基体中引入 BCC、HCP 相等，使得合金的强度和加工硬化率都有所提高。这为高熵合金的性能优化提供了良好的思路。

根据第 1 章所述的高熵合金相的形成规律，选择合金化元素时，要综合考虑元素的原子半径、电负性等因素。另外，在应用的过程中也要考虑成本的问题，因此选择添加元素时应该本着廉价的原则，由此这里选择的合金化元素是 Al 元素。Al 为第二周期第三主族元素，其余组元 Cr、Mn、Fe、Co、Ni 元素为第四周期副族元素，具体特征参数见表 5-1。可以看出：Al 元素相对半径较大，电负性较大，在 CoCrFeMnNi 高熵合金中引入 Al 元素之后将显著改变合金的相结构、微观组织、力学性能等。

以往研究高熵合金成分调控和合金化的方法主要是熔炼法，每一种成分的设计都需要进行成分配比、熔炼等工艺过程，工艺复杂，且在熔炼过程中还容易造成低熔点元素的烧损和引入杂质元素，导致成分不准确。另外，熔炼过程中为了避免成分偏析，通常加入的元素含量很低，虽然对合金的组织性能有所影响，但是程度有限。此外还有磁控溅射原位合成法，但原位合成试样尺寸很小，通常为微米级，甚至纳米级，微观结构和性能的表征不够全面准确，无法准确反映出大块材料的信息。激光 3D 打印配备双桶甚至多桶送粉技术，为解决上述问题提供了良好的技术条件。本章通过激光 3D 打印技术制备 Al_x（CoCrFeMnNi）高熵合金（x 为添加 Al 元素的摩尔分数），研究不同 Al 含量对合金的相结构、微观组织、力学性能的影响规律，以及不同微观组织与力学性能之间的对应关系。

表 5-1　相关元素特性参数

元素	原子序数	摩尔质量 /（g/mol）	熔点 /℃	原子半径 /nm	晶体结构	电负性
Al	13	26.98	660	0.143	FCC	1.61
Cr	24	52.00	1857	0.128	BCC	1.66
Mn	25	54.94	1244	0.132	FCC/BCC	1.55
Fe	26	55.85	1535	0.127	FCC/BCC	1.83
Co	27	58.93	1495	0.125	FCC/HCP	1.88
Ni	28	58.69	1453	0125	FCC	1.91

5.2　Al_x（CoCrFeMnNi）高熵合金的制备

Al_x（CoCrFeMnNi）高熵合金的制备采用激光 3D 打印技术，配合双桶送粉装置，通过固定 CoCrFeMnNi 合金送粉转盘的转速，改变 Al 粉末送粉转盘的转速来实现不同 Al 含量的添加，如图 5-1 所示。激光功率为 1400W，扫描速度为 10mm/s，详细工艺参数见表 5-2。

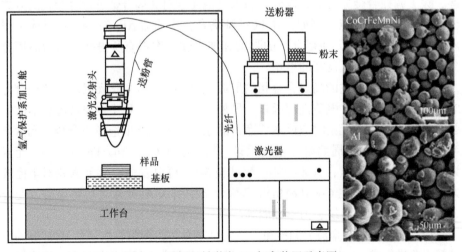

图 5-1　双桶送粉激光 3D 打印装置示意图

表 5-2　激光 3D 打印 Al$_x$（CoCrFeMnNi）高熵合金主要工艺参数

激光功率 /W	扫描速度 / （mm/s）	CoCrFeMnNi 送粉量 / （g/min）	Al 含量 （%，摩尔分数）	Al 粉送入速度 / （g/min）	Al 粉盘 转速 / （r/min）
1400	10	13	1	0.06	0.03
			2	0.12	0.07
			3	0.19	0.10
			4	0.26	0.13
			5	0.32	0.16
			6	0.38	0.20
			7	0.45	0.23
			8	0.52	0.26
			9	0.59	0.29
			10	0.66	0.32
			11	0.72	0.35
			12	0.79	0.39
			13	0.85	0.42
			14	0.92	0.46
			15	0.99	0.50

5.3　Al$_x$（CoCrFeMnNi）高熵合金的相结构演变

图 5-2 为激光 3D 打印 Al$_x$（CoCrFeMnNi）高熵合金的 XRD 图谱。从图中衍射峰位置的变化可以看出：随着 Al 含量的增加，合金经历了从单相 FCC 到 FCC+BCC 再到单相 BCC 的转变。具体来说，当 Al 含量低于 4%（摩尔分数）时，合金仍保持了 FCC 单相结构；当 Al 含量继续升高，代表 BCC 相的（110）衍射峰开始出现，衍射峰的强度也随之逐渐增大；当 Al 含量达到 9%（摩尔分数）时，合金完全转变为的 BCC 结构。根据这种趋势，

可以将合金划为三个不同的成分区域：Ⅰ区域为 FCC 单相区，$x(Al) \leq 4\%$；Ⅱ区域为 FCC 相与 BCC 相共存区，$x(Al) = 4\% \sim 9\%$；Ⅲ区域为 BCC 单相区，$x(Al) \geq 9\%$。

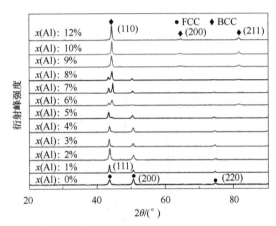

图 5-2　激光 3D 打印 Al_x（CoCrFeMnNi）高熵合金的 XRD 图谱

根据 1.2.5 小节关于固溶体相形成规律的研究成果可知，Al_x（CoCrFeMnNi）高熵合金中 BCC 相的形成具有深刻的物理意义。但是其中提到的几种判据一般是针对平衡凝固状态的合金，对非平衡凝固状态的合金相结构的预测存在很大的局限性。铸态下的 Al_x（CoCrFeMnNi）高熵合金，当 Al 含量达到 8%（摩尔分数）时，才会有 BCC 相产生，而且两相区更宽，与激光 3D 打印技术制备的合金有很大差异，VEC 判据也无法准确预测相结构的演变规律[91]。

Al 元素在传统合金中可作为 BCC 相有效的稳定剂，持续添加 Al 元素将有利于 BCC 相的形成。合金的相变与临界晶格畸变有关，从原子密堆程度上看，BCC 结构的原子堆积密度是 68%，远低于 FCC 结构的 74%，而且 BCC 结构中最近邻原子数是 8，FCC 结构中最近邻原子数是 12。因此更松散的 BCC 结构更能适应这种高的晶格畸变。快速凝固的过程则加剧了这种转变，这与快速凝固引入更大的晶格畸变密切相关。液体空位的形成能显著低于固体空位的形成能，因此在金属液体中的空位浓度要大于固体的空位浓度，而快速凝固能将这种空位浓度保持到凝固的块体中，从而产生了大量的位错堆积。与此同时，位错的应力场将在晶体结构中产生显著的弹性应变，能量最小化的趋势将有利于合金中 BCC 相的形成。

图 5-3 为激光 3D 打印 Al_x（CoCrFeMnNi）高熵合金晶格常数的变化图。

由图可知：随着 Al 含量的增加，FCC 相晶格常数也随之增大，说明合金的晶格畸变增大；随着 BCC 相开始出现和增加，合金中的晶格畸变能开始释放，FCC 相的晶格常数随之减小，并且 Al 含量的增加也使得 BCC 相的晶格常数增大，当合金完全为 BCC 结构时，晶格常数趋于稳定。

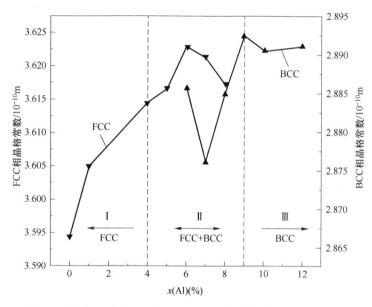

图 5-3　激光 3D 打印 Al$_x$（CoCrFeMnNi）高熵合金晶格常数变化图

5.4　Al$_x$（CoCrFeMnNi）高熵合金的微观组织演变

在图 5-3 所示的 Ⅰ、Ⅱ、Ⅲ区域中，分别选择 x（Al）=0% 和 x（Al）=2% 的合金为 Ⅰ区域代表合金，x（Al）=5% 和 x（Al）=8% 为 Ⅱ区域代表合金，x（Al）=10% 为 Ⅲ区域代表合金。图 5-4 为激光 3D 打印 Al$_x$（CoCrFeMnNi）高熵合金微观组织演变的 SEM 图像。可以看出：随着 Al 含量的增加，合金成分位于 Ⅰ区域时，微观组织几乎没有变化，保持了单相合金的典型特征。当合金成分位于 Ⅱ区域时，微观组织的变化趋势是树枝晶间区域逐渐扩大，这是因为 BCC 相主要位于树枝晶间，而且 BCC 相为易腐蚀相，制样过程中被腐蚀剂腐蚀后留下暗区，合金中 FCC 树枝晶间腐蚀坑增大增多，表明 BCC 相含量增加。当合金成分位于 Ⅲ区域时，合金为完全的 BCC 相，组织为粗大的 BCC 树枝晶，且可以观察到合金的晶界。

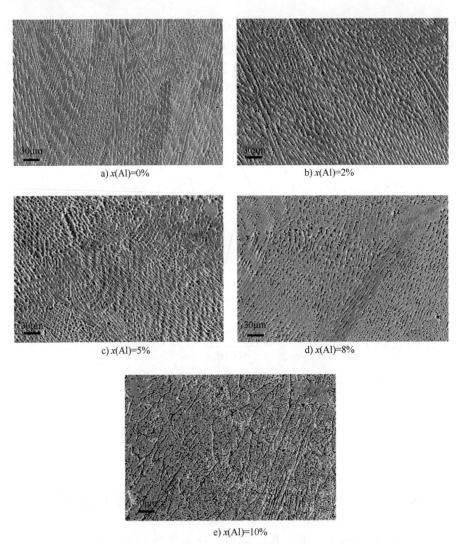

a) x(Al)=0%   b) x(Al)=2%

c) x(Al)=5%   d) x(Al)=8%

e) x(Al)=10%

图 5-4　激光 3D 打印 Al_x（CoCrFeMnNi）高熵合金的微观组织演变的 SEM 图像

　　与 SEM 结果相对应的，图 5-5 给出了 EBSD 的结果，更直观地显示了 Al_x（CoCrFeMnNi）高熵合金的组织演变过程（彩色图见书后插页）。图 5-5a、b、c、d、e 是合金的取向分布图，合金中 Al 的摩尔分数分别为 0%、2%、5%、8%、10%，图 5-5f、g、h、i、j 分别为对应区域的相分布图。可以看出：当合金成分位于 I 区域时，合金保持了 FCC 单相的特征（图 5-5a、b）。当两相共存时，随着 Al 含量的增加，BCC 相增多，晶粒由柱状晶向不规则形状的晶粒转变，第二相粒子对 FCC 晶粒的细化作用明显。这是由于第二相颗粒对晶界的钉扎作用，阻碍了晶粒的生长，破坏了定向凝固的组织特征（图 5-5c、d）。

当合金转变为完全的 BCC 结构时，合金又恢复单相合金的组织特征（图 5-5e）。合金的相分布图表明合金成分位于 I 区域时，合金为 FCC 单相，不含 BCC 相。随着 Al 含量的增加，BCC 相增多。x(Al) 为 5% 时，BCC 相体积分数为 6.8%；x(Al) 为 8% 时，BCC 相为合金主相；x(Al)=10% 时，合金为完全的 BCC 相，并且 BCC 相晶粒的尺寸也在增大。图中绿色相为 FCC 相，粉色相为 BCC 相（图 5-5f~j）。

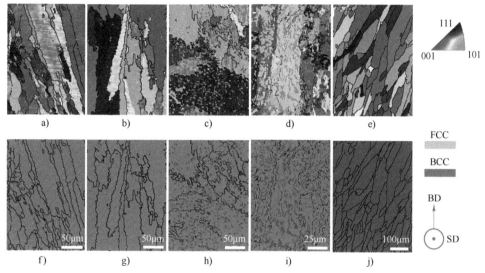

图 5-5　激光 3D 打印 Al$_x$(CoCrFeMnNi）高熵合金微观结构演变的 EBSD 结果

BD—构建方向　SD—3D 打印方向

注：彩色图见书后插页。

为进一步了解激光 3D 打印 Al$_x$(CoCrFeMnNi）高熵合金微观组织随 Al 含量改变的演化规律，对 x(Al)=0%、x(Al)=5%、x(Al)=8% 和 x(Al)=10% 的合金进行 TEM 微观结构分析。图 5-6 给出了不同成分的 TEM 明场相的结果。可以看出：当合金中 x(Al) 为 0% 时，合金中存在宽约 60nm 的条带状组织，不包含析出相。SEAD 电子衍射斑点表明基体为 FCC 结构（图 5-6a）；当 x(Al) 为 5% 时，合金 FCC 结构的基体中分布有 BCC 结构，直径约为 500nm 的第二相颗粒，与先前 XRD 和 EBSD 的结果相互印证（图 5-6b）。随着 Al 含量的增加，BCC 相颗粒形状尺寸也在发生变化，x(Al) 为 8% 时，BCC 相晶粒为不规则形状，内部包含近球形颗粒（图 5-6c）。从图 5-6d 可以发现，当合金完全转变为 BCC 结构时，晶粒内部的颗粒形状转变为方形，此时合金中 x(Al) 为 10%。BCC 相作为一种硬质相弥散分布于 FCC 基体中时，晶粒细化效果更显著，成分也更加均匀化，合金的强度得到大幅度提高，综合性能更好。然而过量的增强相将显著降低合金整体的塑性，甚至在屈服前就可能发生失效断裂。

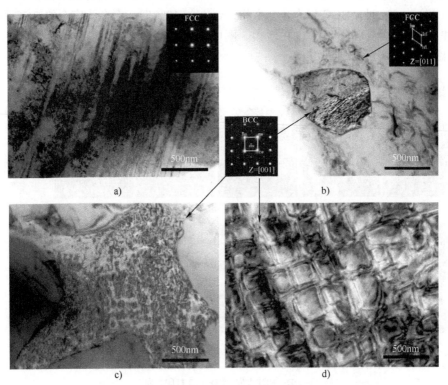

图 5-6 激光 3D 打印 Al$_x$（CoCrFeMnNi）高熵合金 TEM 观察结果

5.5 Al$_x$（CoCrFeMnNi）高熵合金的力学性能演变

Al$_x$（CoCrFeMnNi）高熵合金的室温拉伸性能变化如图 5-7a 所示，图 5-7b 为从拉伸曲线中得到的屈服强度、抗拉强度、断裂总延伸率的变化趋势图。可以看出：随着铝含量的增加，合金的屈服强度和抗拉强度逐渐增大，而塑性不断降低。当合金成分位于 I 区域时，合金的强度增加趋势缓慢，塑性下降不明显。x（Al）=2% 的合金与不含 Al 的合金相比，强度略有增加，塑性下降不明显；当合金 FCC 相与 BCC 相共存时，合金强度大幅度增加，其中 x（Al）为 5% 时，合金抗拉强度达到 736MPa，屈服强度为 506MPa，断裂总延伸为 41.2%，体现了很好的强度 - 塑性配合。当 x（Al）达到 8% 时，强度达到最大，为 978MPa，断裂总延伸率急剧减小到 7.5%，且不存在加工硬化阶段；当合金中 x（Al）达到 10%，位于Ⅲ区域时，合金强度达到 1.1GPa，不存在塑性变形。由于 BCC 相的增加，合金的脆性过大，激光 3D 打印过程中样品出现开裂的问题，以至于 x（Al）>10% 时的拉伸性能无法体现。为了定量表征合金的综合性能，绘制图 5-7c 合金的强塑积（强度和断裂总延伸率的乘积）变化趋势图。可以看出：x（Al）=5% 的合金具有更优异的综合性能，强塑积达到 30.32GPa·%，超过一般的 TRIP 钢（15~30GPa·%）。众所周知，具有高强度的同时还具有良好塑性的材料才具有较大的应用价值，因此针对 CoCrFeMnNi 高熵合金的强化，x（Al）=5% 是最合适的合金成分。

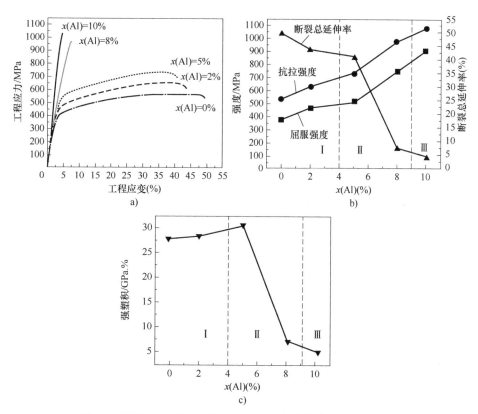

图 5-7　激光 3D 打印 Al$_x$（CoCrFeMnNi）高熵合金的力学性能

　　合金的强度是由合金的相结构和微观组织决定的，一般来说，BCC 结构的合金强度高于 FCC 结构的合金，这是由于 FCC 结构的滑移系要比 BCC 结构的多，沿着 BCC 结构中最紧密堆积面（110）面滑移的难度要比 FCC 结构中（111）面滑移的难度大很多。由此可知激光 3D 打印 Al_x（CoCrFeMnNi）高熵合金的拉伸性能的演变规律：基体为 FCC 结构的合金，Al 含量增加时，合金中 BCC 相开始出现，且 BCC 相的含量随着 Al 含量的增加而增大，使得合金强度升高，塑性降低。同时 Al 元素的添加也导致了合金结构晶格畸变程度的增加，有利于提高合金的强度，但也造成了塑性的降低。

根据合金断裂时的变形总量，合金断裂机制主要分为两种：一种是由合金局部大量的塑性变形导致的塑性断裂，另一种是由解理导致的脆性断裂。对拉伸断口进行 SEM 观察是分辨合金断裂形式的有效途径。图 5-8 展示了激光 3D 打印 Al_x（CoCrFeMnNi）高熵合金拉伸断口 SEM 图像，其中图 5-8a 为 x（Al）=2% 合金的断口形貌；图 5-8b 为 x（Al）=5% 合金的断口形貌；图 5-8c 为 x（Al）=8% 合金的断口形貌；图 5-8d 为 x（Al）=10% 合金的断口形貌。可以发现：当 x（Al）为 2% 时，断口可以观察到大量的韧窝，韧窝中存在第二相的颗粒，韧窝状微孔的产生源头包含了这种第二相粒子缺陷，微孔形成后不断聚集长大，形成韧窝，证明合金为塑性断裂（图 5-8a）；当 x（Al）达到 5% 时，合金的断裂机制依旧是塑性断裂，与 x（Al）=2% 的合金不同的是，断口韧窝中第二相粒子数量增加，并且韧窝的直径和深度明显减小，证明合金的塑性降低（图 5-8b）；x（Al）为 8% 时，断口形貌较为粗糙，不存在韧窝形貌，几乎完全呈现解理断裂特征，断口处存在金属颗粒和解理台阶（图 5-8c）；图 5-8d 说明当合金中 x（Al）为 10% 时，合金的断裂形式为完全的脆性断裂。这与之前拉伸试验的结果相符，x（Al）=5% 合金的断裂总延伸率为 41.2%，x（Al）=8% 合金的断裂总延伸率只有 7.5%，x（Al）=10% 合金的断裂总延伸率小于 5%。

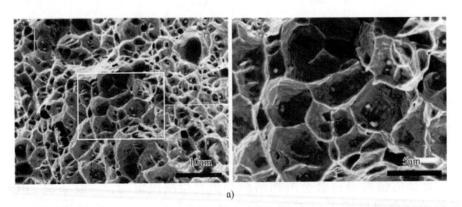

a)

图 5-8　激光 3D 打印 Al_x（CoCrFeMnNi）高熵合金拉伸断口 SEM 图像

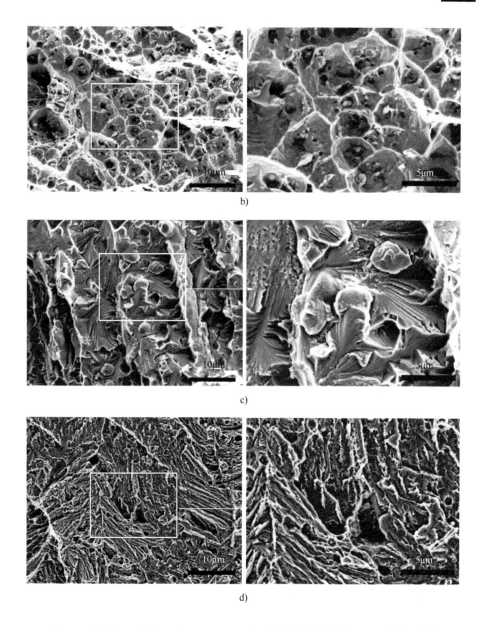

图 5-8 激光 3D 打印 Al$_x$（CoCrFeMnNi）高熵合金拉伸断口 SEM 图像（续）

图 5-9 反映了 Al$_x$（CoCrFeMnNi）高熵合金的硬度随 Al 含量变化的趋势，可以看出 Al$_x$（CoCrFeMnNi）高熵合金的硬度随着 Al 含量的增加而增大。合金的初始硬度在 200HV 左右，当合金成分位于 I 区域时，随 Al 含量的增加硬度只有缓慢增长，这是由固溶强化作用导致的合金硬度的少量提高；当合金成

分位于Ⅱ区域时，合金的硬度随 Al 含量的增加而迅速增加，这是第二相强化作用的结果；当合金成分达到Ⅲ区域时，由于合金已转变为完全的 BCC 相，因此硬度稳定在 550HV 左右。合金硬度的变化规律与拉伸性能的演变规律相类似。

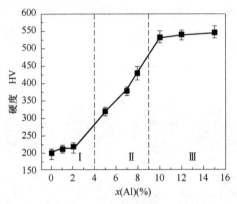

图 5-9　Al_x（CoCrFeMnNi）高熵合金的硬度随 Al 含量变化曲线

5.6　强化机制分析

激光 3D 打印 Al_x（CoCrFeMnNi）高熵合金的强度提升被认为是多种强化机制共同作用的结果，其中有固溶强化、细晶强化、位错强化、第二相强化。针对屈服强度的增量可以描述为

$$R_{p0.2} = R_0 + \Delta R_s + \Delta R_G + \Delta R_D + \Delta R_P \tag{5-1}$$

式中　　　　　　　R_0——晶格摩擦力，即材料的本征强度；

ΔR_s、ΔR_G、ΔR_D、ΔR_P——固溶强化、晶界强化、位错强化以及第二相强化对合金屈服强度的增量。

各种强化对屈服强度的贡献可以认为是独立的，互不干扰，因此具有可加性。下面将针对各种强化机制对合金屈服强度的贡献进行分析。

1. 固溶强化

固溶强化在传统合金中被认为是溶质原子融入基体金属中时，造成一定程度的晶格畸变，使得合金的强度和硬度提高。具体来说，晶格畸变所产生的局域应力场与位错周围的弹性应力场相互作用，使溶质原子吸附在位错周围形成"气团"，从而导致位错滑移的切应力增加，以克服"气团"对位错的钉扎作用。且溶质原子与溶剂原子的尺寸差越大，固溶强化的作用就越明显。由于高熵合金的成分特点，没有溶质、溶剂原子的区别。高熵合金类似于一种具有固定原子比例的无序定比化合物，因此没有专门的模型和公式来准确表征固溶强化的效果。就这里所研究的 Al$_x$（CoCrFeMnNi）高熵合金而言，当合金成分位于 I 区域时，合金中不存在第二相的析出，因此可以判断固溶强化是合金强度略微提高的主要机制。

2. 细晶强化

细晶强化的本质在于晶界对位错运动的阻碍作用，晶界越多对位错的阻碍作用就越大，因此晶粒的细化将会提高合金的强度。材料的屈服强度服从霍尔佩奇（Hall-Patch）关系

$$R_e = R_0 + kd^{-1/2} \tag{5-2}$$

式中　R_e——屈服强度；

　　　d——合金的晶粒尺寸；

　　　k——与材料相关的霍尔佩奇系数。

从式（5-2）中可以看出合金的屈服强度随晶粒直径的减小而增大，所以合金晶粒及内部组织的细化将有利于提高合金的强度。由 5.4 节 EBSD 的结果可知：随着 Al 含量的增加，合金晶粒细化的趋势明显。拉伸试验和硬度试验的结果证明合金强度是提高的。

3. 位错强化

位错密度的增加将显著提高合金的强度，这是由于位错密度越高，在位错运动时越容易发生位错的相互交割，从而形成割阶和位错缠结，起到阻碍位错运动的作用。位错强化对合金屈服强度的增量（简称位错强度）和位错密度的关系可以用 Bailey-Hirsch 关系式来表示

$$\Delta R_D = M\alpha Gb\rho^{1/2} \tag{5-3}$$

式中　ΔR_D——位错强度；

　　　M——泰勒因子，$M=3.06$；

　　　G——剪切模量；

　　　α——与材料相关的系数；

　　　ρ——位错的密度；

　　　b——全位错柏氏矢量的模。

可以看出：材料的强度与位错密度的平方根成正比，因此位错密度增大将有利于合金强度的提高。激光 3D 打印技术的极高冷却速度，使得合金在熔融状态的空位浓度保持到凝固态中，产生了大量位错堆积，使得基体中位错浓度提高，从而对合金的强度产生影响。

4. 第二相强化

5.2~5.4 节的分析表明，随着 Al 含量的增加，合金中有 BCC 结构的第二相从 FCC 基体中析出。并且 II 区域成分合金的强度和硬度增长的趋势比 I 区

域合金更为剧烈。显而易见，这说明第二相的析出对合金的强度和硬度的提高起着至关重要的作用。第二相主要起到阻碍位错运动的作用。根据位错线越过障碍方式的不同，可以将这种机制分为两种：一种是位错切过机制，另一种是位错绕过机制。当第二相粒子与基体呈共格关系，尺寸较小，且在基体中的分布是连续的，位错切过机制是主导机制；当第二相粒子尺寸较大，与基体不共格，那么位错绕过机制将会成为阻碍位错运动的主要机制。图 5-10 为变形后 $x(Al)=5\%$ 和 $x(Al)=8\%$ 高熵合金的 TEM 图像，与图 5-6b、c 未变形前的微观形貌相比，可以发现：基体中有大量的位错产生，并且位错在第二相的周围发生塞积。这表明位错绕过机制是主导机制。因此第二相强化对强度的贡献可以表征为

$$\Delta R_p = M \frac{0.4Gb}{\pi\sqrt{1-\nu}} \frac{\ln(\sqrt{2/3}\,r/b)}{\lambda} \tag{5-4}$$

式中　　M——泰勒因子，$M=3.06$；

　　　　G——CoCrFeMnNi 合金的剪切模量，$G=66GPa$；

　　　　b——全位错 Burgers 向量的大小，$b=0.255nm$；

　　　　ν——基体的泊松比，$\nu=0.33$；

　　　　λ——第二相粒子的间距；

　　　　r——粒子的平均半径。

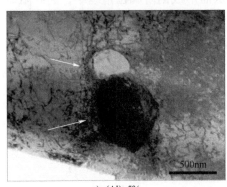
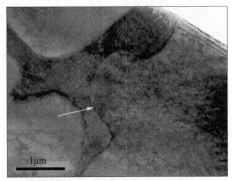

a) $x(Al)=5\%$　　　　　　　　　　　b) $x(Al)=8\%$

图 5-10　激光 3D 打印 $x(Al)=5\%$ 和 $x(Al)=8\%$ 高熵合金变形后 TEM 图像

合金强度的提高是多种强化机制共同作用的结果，除了上述的几种强化机制外，还有其他强化机制对合金强度的提高起着有益的作用，例如 BCC 相被认为是一种强相，引入强相导致的载荷传递机制也会提高合金的屈服强度。同时也说明了通过成分的改变可以实现组织与性能的调控，使得合金具有更加优异的综合性能。

5.7 本章小结

本章通过激光 3D 打印技术成功制备了 Al$_x$（CoCrFeMnNi）高熵合金，研究了 Al 含量对其相结构、微观组织以及力学性能的影响规律，得出的结论如下。

1）随着 Al 含量的增加，合金的相结构经历了由单相 FCC 向 FCC+BCC 相，再到 BCC 相的转变。根据合金的相结构不同可以将合金成分分为三个区域：Ⅰ区域的合金 x（Al）<4%，为 FCC 单相；Ⅱ区域的合金 x（Al）=4%~9%，为 FCC+BCC 双相；Ⅲ区域的合金中 x（Al）>9%，为 BCC 单相。

2）随着 Al 含量的增加，由于第二相粒子对晶界的钉扎作用，合金的 FCC 结构的晶粒向不规则形状晶粒转变，并且随着 Al 含量的增大，BCC 相的含量及其晶粒尺寸也随之增大。EBSD 和 TEM 的结果都证实了这种趋势。

3）合金的强度随着 Al 含量的增加而增大，而塑性降低。其中Ⅰ区域合金抗拉强度在 550MPa 左右，塑性十分优异；Ⅱ区域合金强度增加趋势更加显著，x（Al）=5% 合金体现了更加优异的综合性能，抗拉强度达到 736MPa，屈服强度为 506MPa，断裂总延伸率为 41.2%；Ⅲ区域合金的强度达到最大，x（Al）=10% 合金的抗拉强度为 1.1GPa。合金的显微硬度也随着 Al 含量的增加而增大。当合金成分位于Ⅲ区域时，由于合金结构已转变为完全的 BCC 结构，硬度稳定在 550HV 左右。

4）通过对合金强化机制的分析，认为合金强度的提高是多种强化机制共同作用的结果。其中Ⅰ区域合金主要是固溶强化机制，Ⅱ区域合金强度的提升主要是第二相强化的作用，并且观察到高密度位错在第二相周围发生塞积，对位错的阻碍作用可以用位错绕过机制来解释。

总之，激光 3D 打印结合双桶同轴送粉技术，对于高熵合金的成分选择以及组织和力学性能的调控都具有重要意义。本章分析了激光 3D 打印制备 Al$_x$（CoCrFeMnNi）高熵合金的组织结构随 Al 含量转变的规律，揭示了组织与性能之间的关联，为以后通过激光 3D 打印技术开发新成分体系的高熵合金提供了工艺和理论基础。

第6章

层状结构高熵合金的激光增材制造

通过分析第5章试验结果可知，利用激光增材制造技术可以成功地制备 $Al_x(CoCrFeMnNi)$ 高熵合金，并且 Al 含量的不同也可以导致高熵合金出现力学性能方面的差异，表现为显微硬度差异和拉伸性能差异。由此可知：只需要调整 Al 元素的含量即可控制 CoCrFeMnNi 高熵合金体系的性能，从而实现同一块合金内部的性能差异，并且这一成分差异完全可以在制备的过程中同步实现，这为制备具有层状结构高熵合金提供了试验基础。因此研究激光增材制造技术制备层状结构材料具有潜在的应用前景，也可为新型材料的开发打下一定的基础。

本章将使用同轴送粉的激光增材加工平台，采用粒径为 45~105μm 的 CoCrFeMnNi 高熵合金粉末和纯度接近 99.9% 的 Al 单质粉末，在 45 钢基板上制备两种具有软硬差异的不同层状结构的高熵合金。一种结构被称为双层结构，另一种结构被称为"三明治"结构，区别在于软质层和硬质层的层数差异，"三明治"结构将会采用"软包硬"的加工形式以形成两个异质界面。此外，Al 元素可以促进 BCC 相的形成，获得具有更细小的晶粒组织，而 Al 元素含量不高的高熵合金体系内部仍然是比较粗大的柱状晶，那么将这两种具有不同尺寸晶粒的材料结合在一起，就可以获得微观意义上的异质结构材料。本章通过显微组织和力学性能的分析检测来研究层状结构的引入对高熵合金的影响趋势。

6.1 双层结构高熵合金的宏观及微观分析

双层结构高熵合金实物照片如图 6-1 所示。选择将 Al 含量相对较少的高熵合金置于底部，是为了避免合金沉积层和基板之间出现翘边、开裂的不利影响。当基板和最底层沉积材料进行激光熔化沉积时，因为是异种材料之间进行熔合，必定会产生一部分性能和组织与沉积材料不同的区域，因此要在基板上先打印一层纯高熵成分的沉积层，称之为过渡层。此外，线胀系数越大的材料，热膨胀率越大，冷却时收缩的程度越剧烈，熔池结晶时会产生很大的内应力，这种应力不易消除，所以基板与沉积材料之间的线胀系数不应该相差过大。而 CoCrFeMnNi 高熵合金和 45 钢的线胀系数相差不大，非常适合作为过渡层材料，能保证沉积件的成形性。从图 6-1 的宏观形貌可以看到：层状结构高熵合金的表层非常光滑，并且展现出明显的金属光泽，顶部区域的沉积层十分平整，未出现凸起或下凹的现象。观察侧边的层间搭接区域，层间、道间的搭接都非常致密均匀，过渡平滑，无裂纹、气孔等明显缺陷，就算是激光增材制造环节非常容易形成的颗粒状粘连也没有出现。由此证明，所选用的激光加工参数可以确保沉积件具有非常完好的实体形貌，这为后续的材料力学测试提供很好的工艺基础。具体参数设定：激光功率为 1200W，扫描速度为 600mm/min，单层打印送粉质量控制在 15g 左右。

图 6-1　双层结构高熵合金实物照片

为了探究层状结构高熵合金内部软硬区域的金相组织差异，需要对沉积件进行强酸腐蚀处理。将线切割加工好的方块状试样进行粗砂布研磨、细砂布水磨、羊毛绒抛光等前期准备，随后把试样浸泡在自配腐蚀液中（盐酸、硫酸、硝酸、无水硫酸铜按体积比 75∶10∶5∶10 混合），持续 5s 左右，需要认真观察试样变化，当看到试样表面的银灰色金属光泽突然变黑时，迅速将试样用镊子夹出并用水冲洗干净，用棉签蘸取无水乙醇清理表面残留的水渍，风筒吹干备用。将四组不同成分的双层结构高熵合金分别放置在光学显微镜的试样台上，观察并拍照，微观组织如图 6-2 所示。

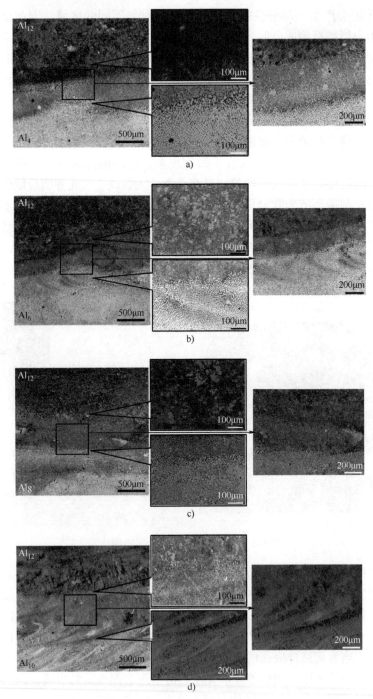

图 6-2　双层结构高熵合金微观组织

注：图中 Al_4、Al_6、Al_8、Al_{10}、Al_{12} 表示相应 Al 含量的高熵合金层。

  观察四组合金微观组织形貌可知：双层结构高熵合金的上下两个区域呈现出明显分层状态，上下层各自区域的组织分布十分均匀，界面交互区域的组织形貌发生了明显的转变。尽管如此，成分交替位置的熔池形貌并没有出现明显的缺陷，只是在热影响区内出现了一层组织略有差异的重熔区。这是因为在激光反复加热的过程中，会有少量已经凝固的 Al 元素和高熵合金元素发生重新熔化再结晶的过程。此外，合金内部存在数量不多的微气孔，这是激光增材制造技术无法避免的问题。继续观察发现：在 Al 含量较低的 $Al_4(CoCrFeMnNi)_{96}$ 和 $Al_6(CoCrFeMnNi)_{94}$ 层间，大部分组织结构呈现出典型的树枝晶形貌，因为在这两种成分的区域内相结构只表现为单一的 FCC 相，所以组织形貌跟纯高熵合金的组织形貌并无区别。而从单层沉积层的底部到顶部出现了晶粒结构的变化：平面晶—树枝晶—等轴晶，等轴晶区域相对较小，这是因为重熔作用会导致前一层顶部位置出现再结晶现象。在凝固开始阶段，熔池底层的液态金属更靠近基板，冷却速度很快，温度梯度很大。由于沉积金属材料的晶体结构和基板材料有一定的差异，熔融态金属不能把基板当作形核点而直接形核，并且该位置成分相对稀释，晶体生长速度缓慢，温度梯度 G 与固化速度 R 的比值（G/R）具有最大值，凝固前沿的成分过冷度很小，凝固界面沿着温度梯度大的方向前进，形成平面晶。随着凝固前沿的继续推进，熔池传热速度变慢，平面晶失稳变成胞状晶。胞状晶会在 G/R 值变小的同时逐渐转变为树枝晶。沉积层中的二次树枝晶多以较强方向性的树枝晶形式存在。值得注意的是，对于 $Al_8(CoCrFeMnNi)_{92}$ 这一成分而言，从 XRD 图谱（图 5-2）看到合金的主相是 FCC，并且还存在少量的 BCC 相，然而在金相照片中没有发现明显的 BCC 相，也呈现出典型的树枝晶形貌，如图 6-2c 左图底部区域所示。可能是 BCC 相实际的含量较少，而金相照片在采集过程中的放大倍数较低，无法获得更高的分辨结构；又或者是 FCC 和 BCC 相均是树枝晶形貌，仅靠金相分析无法将两者明显地区分。对于 $Al_{12}(CoCrFeMnNi)_{88}$ 高熵合金成分而言，相对于其他成分，Al 元素的质量只多了 0.3g 左右，然而它的微观组织形貌已经完全不同于别的合金形貌。金相组织的分层差异证明了合金内部不同成分之间能够在保留各自组织结构的基础上，实现良好的冶金结合。

  为了进一步研究双层结构的晶粒形态，采用 EBSD 分析测试四组不同成分的高熵合金样品，取向分布图和相分布图如图 6-3 所示（彩色图见书后插页）。从图中可以发现，与添加不同 Al 后的均匀高熵合金得到的晶粒形态相比，双层结构合金很好地保留了各自成分的组织特征，即相对细小的等轴晶区（BCC 相）和较粗大晶粒区（FCC 相）依然可以分辨出来，可以从晶粒大小、形状以及分布特征等方面辨别出分层界面位置。FCC 结构区域内晶粒大多呈现稍微粗大的树枝晶形态，保持了原有的激光熔化沉积高熵合金的晶粒特征；而 BCC 结构区域内晶粒大多数是因为 Al 原子的挤入导致晶格畸变，抑制树枝晶生长从而形成的等轴晶，即四组成分别与 $Al_{12}(CoCrFeMnNi)_{88}$ 形成的双层结构合金均呈现等轴晶形貌。除了通过观察晶粒大小找到分界位置外，也可以通过相分布图中的红蓝色覆盖范围（红色 BCC，蓝色 FCC），准确地找到分界。在界面的两侧可以看到晶粒尺寸的差异，未发生相转变层的粗大树枝晶只生长在自己的区域内，不会发生树枝晶跨界面生长的现象，这点要优于均匀高熵合金，因为在均匀高熵合金中容易出现大尺寸树枝晶穿晶生长的现象。发生了相转变的 BCC 区域会对前一层的沉积层顶部产生组织和结构上的细微影响，如图 6-3 中白色虚线框所示，该区域的 BCC 相分布和上下两层区域的分布状态都不一样；由图 6-3c 可见，该区域相分布极其类似于 $Al_8(CoCrFeMnNi)_{92}$ 区域的相分布，所以推断该区域的合金成分和 $Al_8(CoCrFeMnNi)_{92}$ 类似，略微小于 $Al_{12}(CoCrFeMnNi)_{88}$ 的成分。这种区域的出现可能和粉末重量有关，Al 单质的微米级粉末比高熵合金粉末更轻，两种粉末混合，更重的高熵合金占据着混合粉末的底部，而占据上层的 Al 粉被氩气吹出时容易产生上扬和回流，在粉末的输送前期难以达到预定的质量，所以 Al 粉在开始的熔融阶段较少，未能达到预定的 12%（摩尔分数）标准，该区域的存在可能会对层状结构高熵合金的力学性能产生影响。

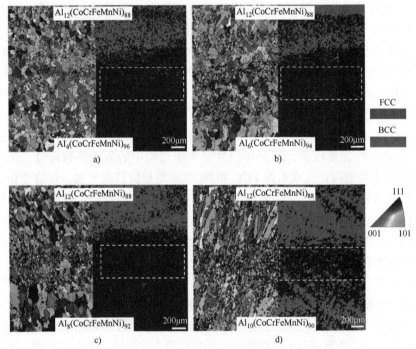

图 6-3　双层结构高熵合金 EBSD 分析的取向分布图和相分布图
注：彩色图见书后插页。

除了通过 EBSD 定性分析合金内部晶粒尺寸和形貌之外，图 6-4 是利用

Channel5 软件进行处理和导出的晶粒尺寸统计柱状图（彩色图见书后插页）。每组成分选择三个区域进行测试，分别是：BCC 相存在的 $x(\text{Al})$=12% 的区域，软硬成分交替的界面区域，调控 FCC 相含量的不同 Al 含量区域。首先观察红色柱状图的变化趋势：不同的四组层状结构高熵合金中，几乎全部的晶粒尺寸都保持在 10μm 以下，其中 5μm 大小的晶粒数量占据 70% 以上，说明硬质层区域的晶粒细化程度很高。然后观察蓝色柱状图的变化趋势：随着 Al 含量的不断增加，软质层区域的晶粒尺寸在逐渐减小，细小晶粒的出现概率持续增加。最初的晶粒尺寸基本维持在 5~90μm 之间，并且每一种尺寸的晶粒出现概率几乎相等，都处于 15% 以下；Al 元素增加到 6%（摩尔分数）时，50μm 以下的晶粒含量变多，大多数晶粒尺寸介于 5 和 50μm 之间，并且最小尺寸晶粒的出现概率已经达到 30%，证明 Al 原子导致的晶格畸变开始发挥作用；在 $x(\text{Al})$=8% 区域，晶粒尺寸已经集中缩小到 30μm 以下，并且 10μm 左右的晶粒含量已经占据了 2/3，结合 XRD 曲线图可知，尽管在此成分下 BCC 相还较少，但 BCC 相已经起到了促进晶粒细化的作用；当 Al 含量增加到 10%（摩尔分数）时，晶粒尺寸的范围接近于完全 BCC 相的硬层区域，10μm 以下的晶粒出现的频率接近 80%。

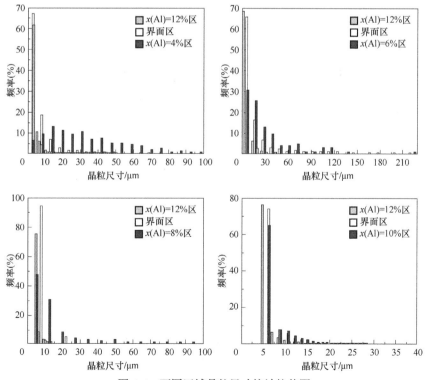

图 6-4　不同区域晶粒尺寸统计柱状图

注：彩色图见书后插页。

值得注意的是，软硬界面存在的混合区内晶粒尺寸偏小，这可能是因为选择测试区域时，步长范围内硬质层占据更大的面积，导致晶粒尺寸的统计结果偏小，但这并不影响观察和分析整体层间范围内的晶粒变化趋势。总体来说，每一层内的晶粒尺寸都呈现出它应该存在的形貌和结构，并且层与层之间的晶粒尺寸差别比较明显，证明了激光增材制造可以制备出具有微观结构差异的层状高熵合金。然而尽管四组成分内都出现了结构上的不同以及晶粒尺寸的差异，但不同成分之间的差异程度不同，Al元素含量越接近，差异程度越小。这种成分相近的层状结构或许并不是一个很好的选择，可能不是每一种结构差异的合金都能获得很好的力学性能，或许是只有一种成分能有好的性能，或许是有两种，这需要进行深一步的力学性能研究。

6.2 双层结构高熵合金的力学性能测试

把上述四种不同成分搭配的层状结构高熵合金按照设计好的尺寸（16mm×3mm×3mm）切割拉伸试样，为了给后续的研磨和抛光试验留出加工余量，长、宽、厚的实际加工尺寸要比设计尺寸多出0.5mm，每种成分切割出20个试样以避免试验偶然性。随后使用80~2000号砂布将试样的长、宽、厚三个表面的加工痕迹消除，并且保证划痕为同一方向。接着使用羊绒毛把平行于长度方向的表面抛光至镜面效果，此举是为了消除划痕在单轴拉伸过程中影响材料性能。拉伸试样断裂前后的宏观形貌如图6-5所示。

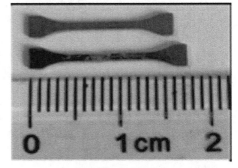

图6-5 拉伸试样断裂前后宏观形貌

四组不同成分层状结构高熵合金的显微硬度测试，如图6-6所示。图6-6a是显微硬度测试取点示意图。通过上一小节的分析和观察，在EBSD的相分布图发现了软硬层间存在着一定厚度的过渡区域，因此选择在软质层和硬质层的分界区域进行平行方向取点，目的是通过测试显微硬度数值来判断该区域的成分构成。由图6-6b中的数值骤降区域可知，该过渡区域的显微硬度值更加接近软质层的硬度，证明该区域内不存在金属间化合物，并且该区域的实际厚度约为15μm，因此该区域可以被定义为软硬区变更的界面位置，具体来说是前一层熔池顶部的重熔区和后一层熔池的底部发生了结合。试验中选择每间隔200μm进行一次取点，避免相近位置的压痕互相影响，一种成分的合金共做五组测试，取其平均值以减小试验偶然性。观察图6-6b可知：在软硬界面的两侧区域，即具有较大晶粒尺寸的 FCC 相区和较小晶粒尺寸的 BCC 相区，各自保留了本该具备的硬度能力，细晶区域的硬度数值维持在 505HV，其余粗晶区域的硬度数值维持在 190HV、210HV、340HV、450HV，基本和均匀合金的数值持平，证明将两种结构和性能具有差异的材料进行激光熔合是可行的。上层与下层之间的硬度呈现连续变化趋势，没有出现断层现象，进一步说明了激光增材制造具有异质微观结构的发展前景。

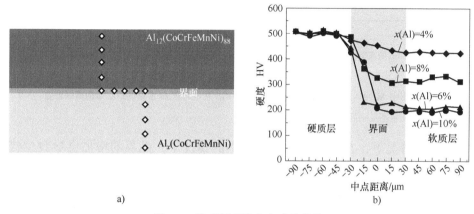

a)　　　　　　　　　　　　　b)

图 6-6　维氏硬度取点方式及数值

图 6-7a 显示了不同软硬成分搭配的双层结构高熵合金和 $x(Al)=12\%$ 的均匀高熵合金的拉伸性能对比，图 6-7b 展现了四种双层结构高熵合金的屈服强度、抗拉强度、断裂总延伸率的变化趋势（图 6-7 的彩色图见书后插页）。能够发现：引入层状结构之后，高熵合金的性能发生了变化，随着软质层 Al 含量的提高，整体上合金的屈服强度和抗拉强度逐渐增大，当软质层 Al 的含量达到 8% 时，双层结构高熵合金的强度指标已经接近于均匀成分中 $[x(Al)=12\%]$ 最高的强度指标，虽然断裂总延伸率略有降低，但是只降低了 1% 左右。此外，当最硬的两组合金成分 $[x(Al)=10\%$ 和 $x(Al)=12\%]$ 结合成双层结构后，该体系内合金的屈服强度和抗拉强度达到最大值，分别是 670MPa 和 810MPa。由图 6-7b 可见，尽管四组软硬搭配的高熵合金可以实现较高的强度，但是塑性的牺牲还是非常明显的，7% 以下的断裂总延伸率还是难以满足工程材料的应用标准。然而断裂总延伸率的最小值降低到 5.5% 后便不再降低，在此情况下，合金强度还能提高，证明在层状结构内部，软硬搭配起到了抑制裂纹扩展的作用，从而可以保持合金的塑性不再继续下降。软质层的硬度较低，并且晶粒尺寸相对粗大，在单轴拉伸过程中率先发生塑性变形，而此时的硬质层还是弹性变形阶段，过渡界面产生了几何必要位错（GNDs），这些位错不断塞积，在提高强度的同时保持了合金的拉伸塑性。

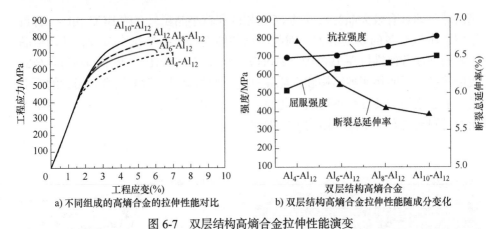

a) 不同组成的高熵合金的拉伸性能对比　　b) 双层结构高熵合金拉伸性能随成分变化

图 6-7　双层结构高熵合金拉伸性能演变

注：1. 图中 $Al_4\text{-}Al_{12}$、$Al_6\text{-}Al_{12}$、$Al_8\text{-}Al_{12}$、$Al_{10}\text{-}Al_{12}$ 表示对应 Al 含量的双层结构高熵合金。

2. 彩色图见书后插页。

通常情况下，在晶粒尺寸逐渐变小的情况下，晶界的增加会导致位错能力变弱，进而导致材料塑性的降低，但是在引入具有软硬差异的双层结构后，合金塑性的下降幅度并不明显，因此不能只用细化晶粒的强化机制来解释这种现象，但是所有强化机制的统一原则都是通过引入障碍来限制位错的运动。研究证明，在软硬界面上，晶粒大小和硬度不同会导致界面在塑性变形过程中出现显著的力学不协调性，这种不协调机制会导致界面处出现几何必要位错的堆积，随后该界面处出现正向和背向应力强化。原因是几何必要位错不仅会在软质层中产生背向应力，还会在界面处产生应力集中，因此硬质层开始屈服以适应应力集中，并且软质层的屈服会引起载荷从软质层向硬质层转移，而硬质层的屈服引起其界面处的应力和应变松弛，该应力集中在与所施加应力相同的方向生成应力场，从而形成较高的正向和背向应力硬化，提高合金的强度。额外的强化应该归功于背向和正向应力的共同作用，而不仅仅只靠背向应力。软质层和硬质层结构的存在可以通过促进材料的不均匀性来增加位错运动的激活障碍，从而使强度增加。

一般来说，在拉伸试验时，不论是脆性断裂还是韧性断裂，其失效形式都是在达到抗拉强度之后瞬间失效，即在工程应力 - 应变曲线中，断裂曲线表现为骤降至 x 轴的直线形式。然而在本试验中，在 $Al_4\text{-}Al_{12}$ 双层高熵合金和 $Al_6\text{-}Al_{12}$ 双层高熵合金的断裂曲线中，出现了断裂总延伸率先迅速下降再缓慢下降的现象，如图 6-8a 中黄色虚线标记的位置。当拉伸试样加载到虚线圈所指的应变位置时，立即停止试验并卸载试样用肉眼观察，发现拉伸试样出现了一侧先开裂而另一侧还没开裂的情况，扫描电镜下的形貌如图 6-8b 所示。

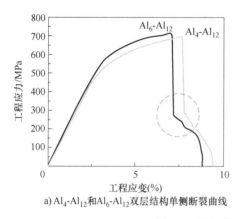
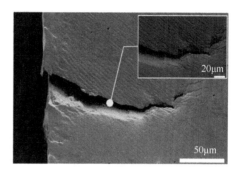

a) Al₄-Al₁₂和Al₆-Al₁₂双层结构单侧断裂曲线

b) 单侧断裂显微形貌

图 6-8　单侧断裂曲线及显微形貌

注：图中 Al₄-Al₁₂ 和 Al₆-Al₁₂ 表示对应 Al 含量的双层高熵合金。

这种情况产生的原因可能是硬度较高的一侧达到其抗拉强度，而此时软质层的材料还在进行塑性变形，又因为软质层材料只存在一层，无法有效地对硬质层的裂纹扩展进行阻碍，造成了合金的提前断裂，从而导致合金的性能未能达到预期。如果将硬质层包裹在软质层内部，是否可以提供给层状结构足够的塑性延伸？基于此，设计出软包硬的"三明治"结构，进行实际的验证试验。

6.3　"三明治"结构高熵合金的宏观及微观分析

为了保证获得更好性能的试验材料，结合前期激光增材制造的工艺参数和微观组织分析，确定继续使用双层结构高熵合金的加工参数，即激光输出功率 1200W，扫描速率 600mm/min。具体的分层形式和高熵合金宏观形貌照片如图 6-9 所示。其中，激光 3D 打印路径与双层结构高熵合金试验没有差异，只是在堆积层数上新增了两层 Al_x（CoCrFeMnNi）成分，目的是实现"软包硬"结构。此外，在基板和最底部的沉积层之间以及最顶部的沉积层之上依然分别打印过渡层，此举是为了给后续的拉伸试样切割留出足够的加工余量。观察宏观形貌可以看到：只要是激光工艺参数选择正确，不论合金内部结构如何设计，都可以获得足够标准的激光熔化沉积构件。合金表层透出光亮的银灰色金属光泽，激光 3D 打印单道形貌平整，层间和道间结合均匀，基板和沉积材料之间完全熔合，整体形貌完整，没有出现明显的开裂、翘边等缺陷，证明制备工艺过程进行顺利，可进行下一步试验。

| Al$_x$(CoCrFeMnNi) |
| Al$_x$(CoCrFeMnNi) |
| Al$_{12}$(CoCrFeMnNi)$_{88}$ |
| Al$_{12}$(CoCrFeMnNi)$_{88}$ |
| Al$_x$(CoCrFeMnNi) |
| Al$_x$(CoCrFeMnNi) |

图6-9 "三明治"结构高熵合金的分层形式和宏观形貌

随后将不同软硬搭配高熵合金的沉积材料进行表面腐蚀处理，显示出晶界和腐蚀形貌，放置在光学显微镜（OM）下进行观察和分析，微观组织如图6-10所示。可以看出：不同软硬搭配的高熵合金内部虽然组织形貌略有差异，但是依旧可以看到明显的分层结构，图中所示的腐蚀形貌具有明显不同的两种颜色：暗灰色区域以及亮白色区域，呈现出典型的分级组织。

其中暗灰色区域是BCC相集中的硬质层，BCC相中主要是Ni、Al元素富集，所以此处耐蚀性较低，受腐蚀程度很高，呈现出深色，将该区域的图片放大，可以看出：该区域内呈现典型的篮状组织形貌，树枝晶细化程度加剧，可以定义为细晶区，这与均匀的x(Al)=12%成分合金的组织一样，并且相较于亮白色区域而言，该区域的组织更细小，分布更密集。从图中还能看出：随着软质层的Al含量逐渐提高，该区域的亮白色程度逐渐降低，这说明此区域的耐蚀性能逐渐降低，Al元素的富集程度越来越高，BCC相越来越多，这一变化规律也和XRD、EBSD观察到的演变规律一致。

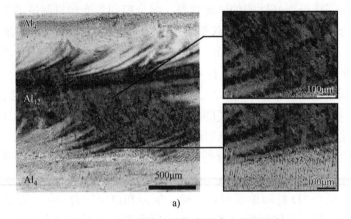

a)

图6-10 "三明治"结构高熵合金微观组织

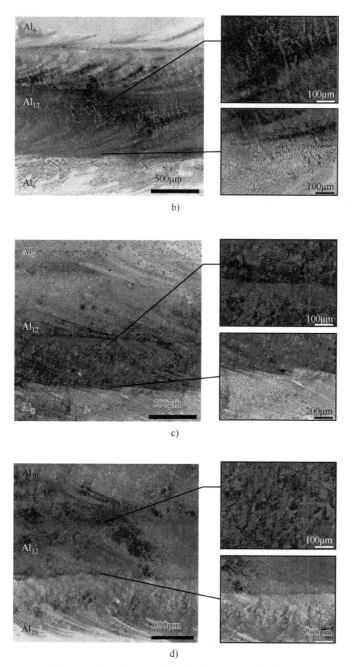

图 6-10　"三明治"结构高熵合金微观组织（续）

注：图中 Al_4、Al_8、Al_{10}、Al_{12} 表示对应 Al 含量的高熵合金层。

在软硬成分变更的界面区域，层间结合程度很高，重熔效果好，没有出现明显的异种材料之间熔合所导致的缺陷，例如裂纹和孔洞等，并且过渡区的面积比双层结构减少了很多，这可能会使合金的拉伸性能进一步提升，因为软硬区域界面之间的差异程度变得更加明显。如果过渡区域的面积太大，会导致界面不协调变形效果减弱，合金强度提高不明显，反之亦然。为了确定硬质层内部的元素分布是否均匀，利用能谱（EDS）进行化学分析，结果如图 6-11 所示。

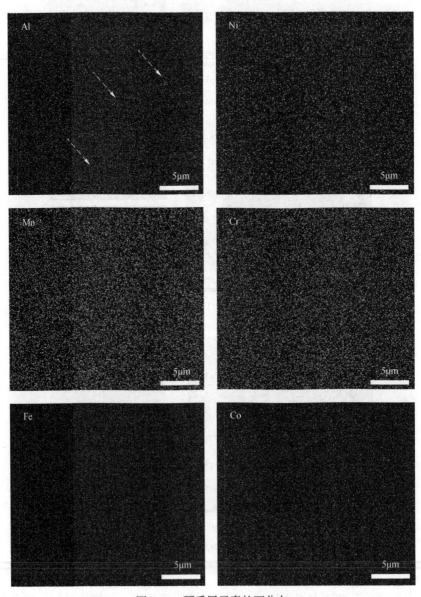

图 6-11　硬质层元素的面分布

　　分析结果可知：从整体上来看，五种组元元素和外加 Al 元素在合金内部分布比较均匀，说明当 Al 元素添加到 12%（摩尔分数）时，激光增材制造过程中形成了等摩尔比的 $Al_{12}(CoCrFeMnNi)_{88}$。另外，树枝晶内部区域和树枝晶间隙出现了细微的元素差异，Co、Cr、Fe 更多地集中在树枝晶内部，而 Mn、Ni 元素则集中在树枝晶间隙的区域，造成这种差异的原因是 Co、Cr、Fe 三种元素的熔点相对较高，在冷却时会率先凝固，而富集 Mn、Al 的树枝晶间隙熔点较低，只能在凝固进程的后期凝固。Al 元素更多的是富集在晶粒的边界位置（图中白色箭头）。这是因为 Al 元素的熔点在该合金体系内部是最低的，研究表明熔点低的元素更喜欢富集在晶界位置，而且 Al、Ni 元素的富集趋势十分接近。这也证明了 BCC 相总是在晶粒边界位置出现，并且 NiAl 相更多地出现在 BCC 内部。虽然硬质层内元素的分布比较均匀，但是也出现了元素偏聚的现象。这种现象不但不是缺点，反而有利于合金性能的提升，因为元素偏析的现象可以导致位错缠结的形成，晶粒内部初始位错的塞积密度提高，有效地提升了高熵合金的强度。

　　为了进一步确认和分析"三明治"结构高熵合金的相分布、相组成、晶粒尺寸、晶粒形貌等特性，在 EBSD 下进行观察和图片采集，如图 6-12 所示。在制备试样的过程中，发现一个有趣的现象，那就是在砂布打磨处理的过程中，当使用 800 号砂布打磨后，宏观下用肉眼便可以看见试样表面出现明显的颜色差异，试样顶部和底部呈现亮白色，而试样中部则呈现偏暗一些的黑灰色。三个区域的层厚跟预设的成分厚度近乎一样，并且出现的位置也符合"三明治"结构应该出现的三级形貌，初步证实合金内部的成分构成符合前期设计。这种现象出现的原因，可能是软硬不同的材料的耐磨性不同，硬度较低的合金更容易被打磨掉，呈现出高熵合金原有的银白色光泽。这间接证实了激光增材制造"三明治"结构的可行性。出现这种情况的原因需要后续更详细的研究，此处不再赘述。

　　整体上观察图 6-12 中的相分布图（彩色图见书后插页），可以发现软质层和硬质层呈现明显的蓝红色分级形式，其中 $x(Al)$ 为 12% 的硬质层中几乎全覆盖着 BCC 相，层厚相对统一，而在调控的不同 Al 含量区域中，不论是单一 FCC 相的分布形式还是 BCC 和 FCC 两相混合区域都和前期的成分预筛一致。随后观察晶粒分布，可以看出：当 $x(Al)$ 为 4% 和 6% 时，顶部软质层出现了非常粗大的柱状晶。这是因为随着沉积层厚度的提高，顶部软质层中靠近底部的熔池在凝固过程中冷却速度缓慢，由于激光是垂直入射进熔池，并且热流耗散的方向主要是垂直方向，所以熔池底层的温度梯度较小，G/R 减小，晶体生长形态更倾向于树枝晶生长，导致粗大树枝晶的出现。这种粗大树枝晶的出现或许能改善层状结构高熵合金的力学性能，因为粗大树枝晶包围细小晶粒的差异程度提高，能有效地延缓硬质层的裂纹扩散，从而保持合金延展性。

顶部和底部的晶粒尺寸明显要大于中部区域，因此该区域可以被称为粗晶区。当 Al 含量提高到 8% 和 10%（摩尔分数）时，树枝晶的尺寸略有降低，BCC 相抑制晶粒长大的效果显著。在 BCC 集中的硬质层呈现出更均匀的细小晶粒结构，晶界分布比较密集，这种晶界增多的结果能有效提高合金的强度。

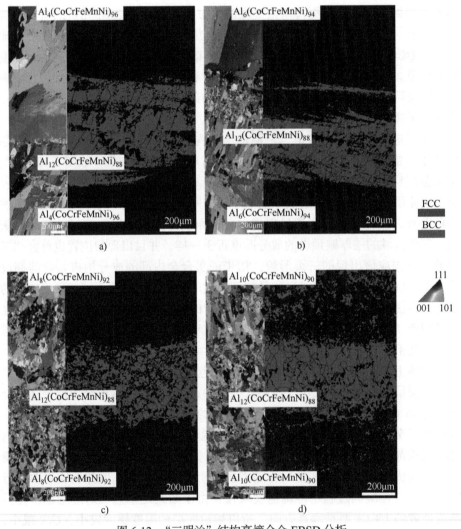

图 6-12　"三明治"结构高熵合金 EBSD 分析

注：彩色图见书后插页。

6.4 "三明治"结构高熵合金的力学性能分析

将上述四种"三明治"结构高熵合金，按照设计尺寸切割拉伸试样，每种成分切割出 20 个试样，以避免试验偶然性。用砂布打磨后抛光处理。再切割出 15mm×15mm×3mm 的长方体试样，保持上下表面平行，使用 80~2000 号砂布将样品的上下两个表面的加工痕迹消除，并且保证划痕为同一方向。接着使用羊绒毛把平行于长度方向的截面抛光至镜面效果，此举是为了消除划痕在显微硬度测试过程中对数值准确性的影响。具体的硬度测试数据如图 6-13 所示（彩色图见书后插页）。

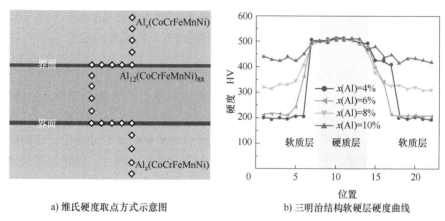

a) 维氏硬度取点方式示意图　　　　b) 三明治结构软硬层硬度曲线

图 6-13　硬度取点方式及数值

注：彩色图见书后插页。

显微硬度测试的取点方式如图 6-13a 所示，每个成分区域内保证选 5 个点以上，每个点之间间隔大约控制在 200μm，在界面位置可以选择小一些的间隔，因为界面厚度较窄，此举是为了避免移动范围较大而越过界面区域。详细的显微硬度值如图 6-13b 所示，可以看到：整体的硬度变化趋势分成三级，每组合金上下两侧的软质层以及中间硬质层，因为成分相同所以硬度值相差不多，基本维持在合理的范围内。然而在 $Al_4(CoCrFeMnNi)_{96}$、$Al_6(CoCrFeMnNi)_{94}$、$Al_8(CoCrFeMnNi)_{92}$ 三组合金的样品中出现了两三个硬度的过渡点，这些选点位置集中在软硬交互的界面区域，间接证明了在这两个试样内部存在着些许的过渡成分区域，这种过渡区域的存在导致硬度没有出现骤降和骤升的现象。显微硬度只能显示出合金的强度变化趋势，无法直接体现合金的具体力学能力，因此还需要用四组合金做单轴拉伸试验，具体的拉伸性能曲线如图 6-14 所示。

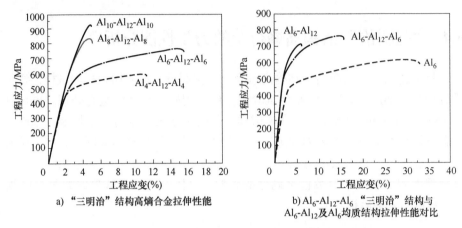

a)"三明治"结构高熵合金拉伸性能

b) Al_6-Al_{12}-Al_6 "三明治"结构与
Al_6-Al_{12}及Al_6均质结构拉伸性能对比

图 6-14 "三明治"结构高熵合金拉伸性能变化规律

注：图中 Al_4、Al_6、Al_8、Al_{10}、Al_{12} 表示对应 Al 含量的高熵合金层。

图 6-14a 是四种不同成分"三明治"结构高熵合金在室温下的拉伸性能曲线。从整体上来看，层状结构的屈服强度和抗拉强度均呈现逐渐增大的趋势，断裂总延伸率呈现出先增大后减小的趋势，其中 Al_6-Al_{12}-Al_6 体系高熵合金表现出了优异的综合性能，在具有最好的断裂总延伸率的同时还保持了较高的屈服强度和抗拉强度。这一发现证实了上一小节的猜想，即：采用软包硬的层状结构可以实现塑性的保留和强度的提高。将 x(Al) 为 6% 的均匀结构、Al_6-Al_{12} 双层结构和 Al_6-Al_{12}-Al_6 "三明治"结构三种材料的室温拉伸曲线进行对比，如图 6-14b 所示。与均匀结构材料相比，"三明治"结构的引入显著地提高了高熵合金的强度，其中屈服强度和抗拉强度的数值均增加了 150MPa 左右；与双层结构高熵合金相比，"三明治"结构高熵合金的断裂总延伸率从 6% 左右大幅提高到 15%。究其原因，在于软硬界面的引入，特别是这种具有较大晶粒尺寸差异性，能够引起塑性变形过程中出现明显的力学不协调性，造成几何必要位错（GNDs）塞积。需要指出的是，力学不协调性可以产生高正向和背向应力强化，这种强化会受到微观结构的影响，特别是软、硬层的差异。在材料中会存在一种和背向应力相反的长程内应力，称之为正向应力。正向应力和背向应力分布于软硬界面的两侧，背向应力会阻碍软质层中的位错运动，因此提高了层状结构材料中软质层的强度；而正向应力会促进硬质层的位错增殖，所以导致了硬质层的强度降低，这两种应力的协同作用能使层状材料具有远高于软相材料的强度。另一方面，在拉伸变形过程中，软质层会先进行塑性变形，而硬质层还在弹性变形阶段，此时，额外的几何必要位错（GNDs）会在界面处不断塞积和增殖，以起到协调变形的作用，这一过程能有效地改善材料的加工

硬化能力，进而改善材料的塑性。此外，材料塑性还受到裂纹扩展的影响，而"三明治"这种软质层包围硬质层的特殊结构能够有效地延缓裂纹扩展，在拉力载荷的作用下，裂纹会在硬质层边界率先萌生，但受限于软质层界面的抑制作用，裂纹无法快速扩展，从而保持合金的塑性延续。但是并不是每一种软硬差异都能使合金获得很好的综合性能，例如 Al_4-Al_{12}-Al_4 体系高熵合金也表现出了一定的断裂总延伸率，但其强度相较于双层结构反而降低了，又例如 Al_8-Al_{12}-Al_8 和 Al_{10}-Al_{12}-Al_{10} 体系高熵合金，虽然二者的强度很高，但是几乎没有塑性，并且这两种合金的晶粒细化程度很高，但并不意味着晶粒越细，性能就会越好。应当指出，在软/硬层状结构高熵合金中，如果两区强度差太大或太小，都无法获得显著的额外强化效果，难以达到预期性能。一方面，如果区域之间的强度差异不明显，几何必要位错（GNDs）的堆积可能会导致硬质层变形，而不会产生应变梯度和应力强化，这会限制整体强化和应变硬化能力。另一方面，如果强度差异过大，则硬质层内不会发生塑性变形，界面处可能会发生应变局部化和应力集中，导致界面过早失效。综上所述，具有"三明治"层状结构的 Al_6-Al_{12}-Al_6 体系高熵合金实现了良好的强度-塑性协同。

6.5　"三明治"结构高熵合金的拉伸形变

　　通过上一小节的拉伸试验，发现 Al_6-Al_{12}-Al_6 体系高熵合金具有良好的强度和塑性匹配，因此进行了准原位拉伸试验观察形变过程。图 6-15 展示了在拉伸中试样形貌的变化过程。

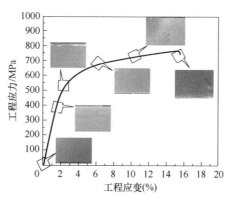

图 6-15　准原位拉伸中试样形貌的变化过程

　　由图 6-15 可以看到拉伸过程中的宏观形貌。在未施加载荷时，试样表面光滑平整，没有出现任何变形，而当临近断裂时，试样表面出现了明显的裂纹形貌。为了更详细地观察其形貌，需要进行更大倍数的图像采集，如图 6-16 所示。分析塑性阶段的前中后三个时期，因为试样在弹性变形阶段和屈服阶段并未出现裂纹，直到塑性变形阶段，才出现裂纹。从图 6-16a 中能够看到：在试样的中间位置有微裂纹出现，并且该位置属于"三明治"结构中的 $x(Al)=12\%$ 的硬质层成分。说明硬质层的弹性变形阶段接近结束，裂纹开始萌生，但是层状材料的塑性变形未受影响，表现为曲线仍在平台区延伸，说明此时软质层的塑性变形仍在继续进行，此时的工程应力为 650MPa。

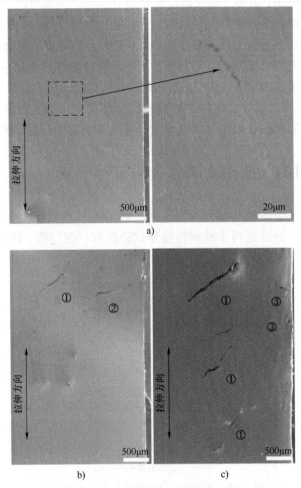

图 6-16　不同拉伸阶段的裂纹形貌

　　随着载荷继续增加，进入塑性变形的中期阶段，试样中间区域的微裂纹已经逐渐扩展到很大的程度（图 6-16b 中①处），并且在软质层和硬质层的界面位置也有裂纹出现（图 6-16b 中②处），但是层状材料的整体性能还在保持，未出现失效现象，这主要是因为软硬区出现了局部的不协调变形，在界面处出现一定数量的裂纹但这些裂纹较为稳定，没有继续扩展。当宏观应变达到 15% 时，中间区域的裂纹数量骤增并且出现了更大的长裂纹（图 6-16c 中①处），表明这些裂纹无法继续承受层状界面的限制，迅速扩展并导致最终断裂。另外，在软质层的边缘位置开始出现裂纹（图 6-16c 中③处），这是在前期变形阶段从未有过的现象，证明软质层的塑性变形接近结束，无法再继续向软硬界面提供抑制作用，试样的有效承载面积逐渐减小，最终试样中部区域的裂纹迅速贯穿整个试样，导致试样断裂失效。该分析证明，尽管微裂纹会很早出现，但是层状结构可以抑制裂纹扩展，这是"三明治"结构能保持优异塑性的关键因素。

接下来对试样软质层边缘位置的滑移带进行分析。图 6-17a 是没有施加载荷时的形貌，试样表面光滑，没有任何变形；当拉伸进行到屈服阶段时，试样中出现了少量的滑移带（图 6-17b 中箭头所示），滑移带的方向与拉伸方向相同，说明塑性变形即将开始；但应力值达到 600MPa，此时滑移带的数量继续增加，已经开始出现平行的排列形貌（图 6-17c 中箭头所示）；随着载荷的继续增加，产生了密集的滑移带，并且在远离样品边缘的位置也出现了大量的滑移带，此时软质层开始剧烈地塑性变形。当滑移带的数量增加时，滑移线之间的相互作用加剧，位错密度提高，抵抗变形的能力增强，在变形的后期，滑移带数量达到饱和且不再继续增加，位错密度较高，当异号位错运动相遇时，出现湮灭现象。上述结果也证明软质层材料在拉伸变形过程中率先开始颈缩，提前进入塑性变形阶段，是后续界面不协调变形的原因之一。

图 6-18 展示了硬质层和软质层边界的裂纹尖端形貌，观察图 6-18a 中①处，发现裂纹尖端在此处出现了明显的起伏形貌，在裂纹尖端靠下部位置出现了明显的直线型起伏，并且两处裂纹的直线起伏处于一条水平线上，这种形貌的出现可能是由于在裂纹尖端的两侧存在着软硬差异的两种区域，界面处出现不协调变形，在此形成了具有一定落差的起伏形貌，导致裂纹无法继续向外生长。这一直线型褶皱现象没有出现在软质层边界裂纹的尖端（图 6-18b），虽然此处的裂纹也出现了高低不一的形貌，但这属于 $Al_6(CoCrFeMnNi)_{94}$ 高熵合金的正常塑性变形形貌。因为这一阶段属于主裂纹的快速扩展阶段，在裂纹的前端有新的塑性变形区域出现，高熵合金内部为了保持不同晶粒的平衡变形，发生了晶粒的拉伸与偏转，最终形成了三叉起伏形貌。将最大裂纹的尖端两侧进一步放大观察，发现在图 6-18c 中①处出现了大量的滑移带，而在对侧区域没有滑移带出现；在图 6-18a 和 c 的②处，能明显看到一段和熔池底部类似的半圆形条

带，推测该区域应该是软硬成分变更的界面区域，并且当裂纹前端运动到此位置时停止前进，没有贯穿界面，而是稍微转向，继续在硬质层内扩展。此外，在裂纹尖端的另一侧（图 6-18d）没有出现这种现象，说明裂纹的另一端还没延伸至另一侧的软硬界面。由上述分析可知，层状结构中的界面可以缓解局部应变，阻碍裂纹的扩展，这种约束效应是层状结构所独有的，其增大了裂纹扩展的阻力，减小了裂纹扩展的驱动力，实现塑性的提升。"三明治"结构高熵合金拉伸断口显微形貌如图 6-19 所示。

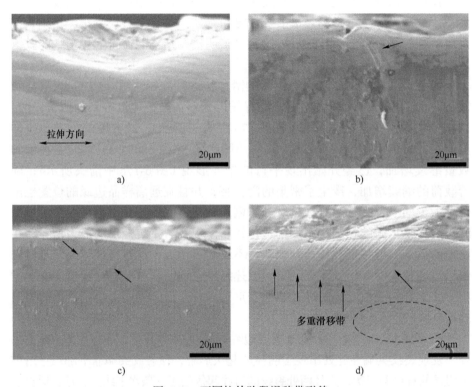

图 6-17　不同拉伸阶段滑移带形貌

从图 6-19a、b 两幅照片可以看到："三明治"结构中上部和底部区域内的断口形貌完全一致，并且韧窝内部存在着第二相颗粒。通过分析韧窝形貌可知该区域属于塑性断裂。图 6-19c 中白色曲线的右侧区域非常粗糙，没有韧窝形貌，断口处存在典型的解理台阶，说明此处属于脆性断裂，该区域位于软硬界面。缩小倍数，如图 6-19d 所示，发现白色虚线两侧的形貌出现落差，右侧明显高于左侧，这是因为软质层内颈缩现象剧烈，合金内陷深度加剧，证明前文所描述的硬质层裂纹尖端处存在的起伏是真实存在的。

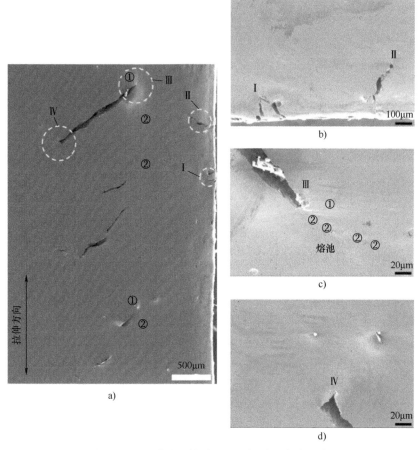

图 6-18 硬质层和软质层边界的裂纹尖端形貌

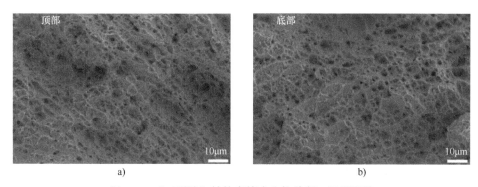

图 6-19 "三明治"结构高熵合金拉伸断口显微形貌

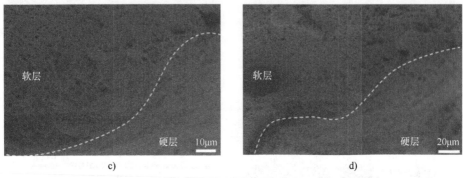

图 6-19 "三明治"结构高熵合金拉伸断口显微形貌（续）

6.6 本章小结

本章主要制备和研究了两种不同软硬搭配的层状结构高熵合金的微观组织以及力学性能，具体的结论如下。

1）通过激光增材制造技术成功制备了双层结构高熵合金，对不同区域的金相组织观察发现：当软质层的 Al 含量较低时，其组织形貌和硬质层的组织形貌表现出明显的差异，并且各自区域内的组织完整度较高，成分相对稳定，分界比较明显，证明层状结构的引入并不会导致高熵合金出现组织上的混乱和复杂。EBSD 和晶粒尺寸图像显示，在合金内部出现了明显的两相分布差异和晶粒尺寸差异，即硬质层内主要是分布完全的 BCC 相，而软质层内大部分是FCC 相；硬质层的晶粒尺寸比软质层更细小，并且 10μm 以下的细晶含量可以达到 70%（体积分数），而软质层内的较粗晶粒尺寸分布比较分散，基本上维持在 30~90μm 之间，这说明软/硬分层结构可以准确定义为粗/细晶粒分层结构。

2）通过对不同成分的双层结构 Al_x（CoCrFeMnNi）高熵合金室温显微硬度测试，可以看出细小晶粒含量多的区域能表现出更高的硬度。通过对其室温条件下的拉伸试验能观察到，具有软硬差异结构的高熵合金强度实现了显著的提高，但未能有效地保持住塑性，且软硬两层的拉伸形变过程并不是同时失效，说明硬质层的外边界没有可以限制其裂纹扩展的障碍，故塑性变形的剧烈程度远高于软/硬界面一侧，因此合金的综合力学性能未能达到预期。

3）经过总结和分析双层结构的试验结果，决定引入软质层包裹硬质层的"三明治"结构来制备具有更好性能的层状结构高熵合金。通过分析金相组织可以看到：不论是哪种层状结构都不会影响合金内部的组织完整性，这是同轴送粉式激光增材制造技术的优势。随后的 EBSD 相分布图显示出合金内部出现和成分设计完全一致的三层形貌，且中间硬质层的两侧均具有软 / 硬界面。另外从 IPF 图中的晶粒尺寸可以发现，不论是哪种成分，中间硬质层的晶粒相较于两侧软质层的晶粒都更细小。值得注意的是，在 Al_4-Al_{12}-Al_4 和 Al_6-Al_{12}-Al_6 高熵合金的三层组织中出现了差异明显的粗 / 细晶粒结构，合金顶部软质层的晶粒明显更粗大，这是合金保持塑性的关键因素。

4）四种不同成分的"三明治"结构高熵合金在室温拉伸试验中展现了完全不同的两种性能趋势，粗晶较多的合金塑性得到提升，细晶较多的合金强度得到提升。并不是每一种层状结构高熵合金都能获得优秀的强度和塑性搭配，这是因为软硬两区的强度差异太大或者太小，都无法使合金的性能提升。其中只有 Al_6($CoCrFeMnNi$)$_{94}$ 高熵合金在提高强度的同时又具有一定的塑性，具有优秀的综合力学性能，说明在这种软硬搭配的条件下，合金才能实现预期的性能。"三明治"结构高熵合金在单轴拉伸过程中由于硬质层和软质层的塑性变形时机不同，会在界面处产生不协调变形，从而累积几何必要位错。另外，软硬界面的存在会抑制裂纹的扩展，因此在实际的拉伸形变中，尽管硬质层内部率先出现裂纹，但合金材料的拉伸性能并未受到影响。

第7章

AlCoCrFeNi$_{2.1}$ 高熵合金的激光增材制造

7.1 AlCoCrFeNi$_{2.1}$ 高熵合金 SLM 技术工艺参数调试

激光选区熔化技术（SLM）成形是一个复杂的物理冶金过程，其过程涉及诸多物理现象，包括激光能量的吸收和传递、金属粉末颗粒间的热传递、金属与外界的能量传递、微观组织的演化等。激光选区熔化技术的能量传递是非常复杂的。首先，高能激光束作为热源，由于能量呈高斯分布，与热源距离不同存在较大温差；其次，在成形过程中激光光斑是快速移动的（通常可达1m/s），与金属粉末的作用时间仅有 $10^{-6} \sim 10^{-5}$s，整个能量的传递过程迅速且呈非线性；最后，在熔池内会发生物理化学反应，且冷却速度极快，熔池迅速凝固。由于不同成形材料的物理化学性能不同，所以以激光功率、扫描速度、铺粉厚度等工艺参数都会对成形过程产生影响，导致成形件的微观组织形貌及力学性能不同。不合适的工艺参数会导致严重的气孔、裂纹和球化等缺陷，甚至成形失败。在第 1 章中已经介绍了 SLM 技术的成形原理及成形过程，可知在SLM 成形过程中激光热源的移动路径将会影响成形过程中温度场的分布，从而影响热应力的分布。合适的扫描路径能够释放热应力，从而减小残余应力。扫描策略如图 7-1 所示，相邻两层扫描方向进行一定角度的改变，以减小残余应力，同一层采用分区带状扫描策略，所制试验件尺寸为 8mm × 8mm × 8mm。

激光能量输入对 SLM 成形有很重要的影响，而激光能量输入主要与激光功率和扫描速度有关。其他参数一定时，激光功率越高或扫描速度越低，激光作用范围单位面积内的能量输入就越高。激光能量输入越高，金属粉末吸收能量越充分，越不易产生粉末夹杂现象，致密度和表面质量越好；但过高的能量输入会导致飞溅及气孔等缺陷。根据经验，功率 P 选择 130W 和 160W，激光扫描速度 v 为 800mm/s、900mm/s 和 1000mm/s，激光光斑直径为 100μm，扫描间距 s 为 0.1mm，根据粉末粒度选择铺粉厚度 d 为 0.02mm 和 0.04mm，采用正交试验方法，试验参数见表 7-1。

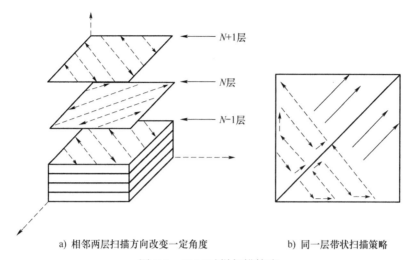

a) 相邻两层扫描方向改变一定角度　　　　b) 同一层带状扫描策略

图 7-1　SLM 试样扫描策略

表 7-1　试验参数

参数序号	功率 /W	速度 /（mm/s）	扫描间距 /mm	铺粉厚度 /mm
1	130	800	0.1	
2	130	900	0.1	
3	130	1000	0.1	
4	160	800	0.1	0.02
5	160	900	0.1	
6	160	1000	0.1	
7	130	800	0.1	
8	130	900	0.1	
9	130	1000	0.1	
10	160	800	0.1	0.04
11	160	900	0.1	
12	160	1000	0.1	

　　根据表 7-1 中不同铺粉厚度，将试验分两个批次进行。在成形第一批次层厚为 0.02mm 的试验件（参数序号 1~6）时，由于粉末粒度较小（0~45μm），成形过程中能量过高，造成层烧结面频繁卡刀，成形失败。因此调整层厚，在第一批次试验的基础上将层厚改为 0.04mm（即参数序号 7~12），提高成形效率的同时调整激光功率与扫描速度，继续调试参数。第二批次试验均完整成形，对试验件进行金相分析，结果如图 7-2 所示。由图 7-2 可以看出：各参数所对应

的金相结果均无未熔合、裂纹等大尺寸缺陷。其中图 7-2c 所对应的参数 9，制件内部均匀、致密且无缺陷，其余各参数所对应金相中均存在一定数量的气孔缺陷。综合考虑成形质量及成形效率，选择试验参数 9（激光功率为 130W，扫描速度为 1000mm/s，扫描间距为 0.1mm，铺粉厚度为 0.04mm）为最终参数，进行后续试块成形。

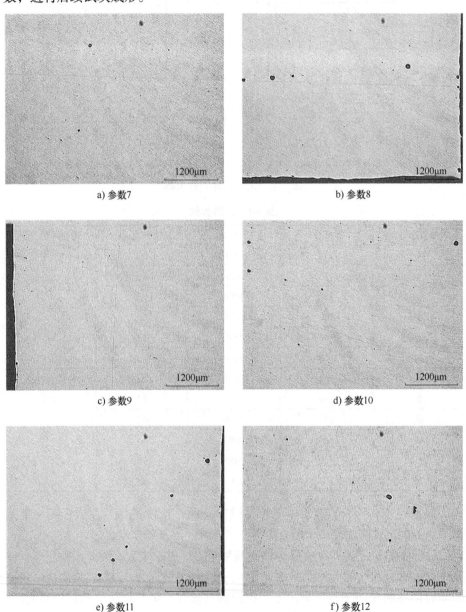

a) 参数7

b) 参数8

c) 参数9

d) 参数10

e) 参数11

f) 参数12

图 7-2　AlCoCrFeNi$_{2.1}$ 高熵合金参数调试金相结果

7.2　AlCoCrFeNi$_{2.1}$ 的晶体结构和显微组织

　　根据调试出的工艺参数，制备了 85mm×40mm×30mm 尺寸的 AlCoCrFeNi$_{2.1}$ 高熵合金块状试样，进行晶体结构和显微组织，并与铸态试样进行对比分析。

7.2.1　激光增材制造 AlCoCrFeNi$_{2.1}$ 的晶体结构

　　AlCoCrFeNi$_{2.1}$ 高熵合金的 X 射线衍射图谱如图 7-3a 所示。由图可见：铸态 AlCoCrFeNi$_{2.1}$ 高熵合金是 FCC/B2 双相结构，但是 B2 相的峰与 FCC 相的峰相比小很多。激光增材制造的 AlCoCrFeNi$_{2.1}$ 高熵合金与铸态相比衍射峰更宽，较小的 B2 相峰更宽更矮，以至于消失不见。根据 Debye-Scherrer 公式可知，衍射峰越宽，晶粒越小。由于增材制造在成形过程产生的熔池小，冷却速度快，晶粒来不及长大就已经凝固，晶粒组织细小，X 射线的衍射峰宽化。图 7-3b 为衍射峰局部放大图，可以看出：增材制造合金的衍射峰较铸态合金的更偏左，说明增材制造的合金产生了更大的晶格畸变。

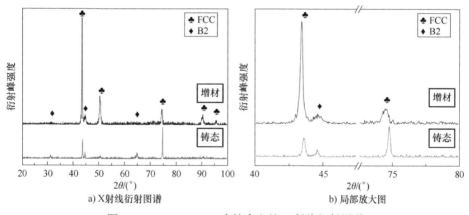

a) X射线衍射图谱　　　　　　　　　　b) 局部放大图

图 7-3　AlCoCrFeNi$_{2.1}$ 高熵合金的 X 射线衍射图谱

7.2.2　激光增材制造 AlCoCrFeNi$_{2.1}$ 的组织形态

　　制备的块状试样如图 7-4d 所示。从试样中切取小块磨金相、抛光并腐蚀，观察了光学显微镜及二次电子扫描图像。图 7-4a、b、c 分别为试样的 A 面、B 面和 C 面的低倍组织图像。A 面和 B 面平行于增材制造的成形方向，C 面垂直于成形的方向。由图 7-4a、b 可以看出：A 面和 B 面呈现出明显的由熔道叠加而成的鳞片状形貌，A 面腐蚀得更深一些。从图 7-4c 可以看出 C 面有明显的长条状熔道，说明增材制造的试样可看成由无数个熔道堆叠而成，在低倍光学显微镜下呈现出特定的组织形态。根据图 7-4，测量熔道的宽为 80~100μm，接近激光光斑直径（100μm）。

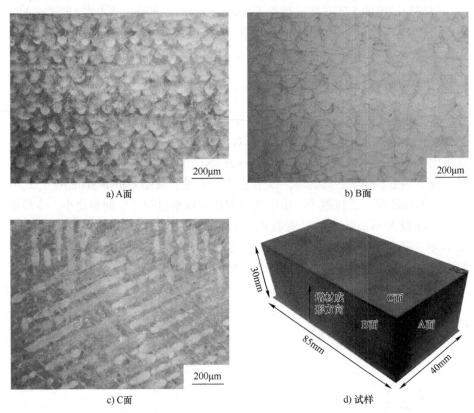

a) A面   b) B面   c) C面   d) 试样

图 7-4　激光增材成形试样及其低倍光镜组织图像

图 7-5a、b 为 SLM 试样 A 面的不同部位二次电子扫描图像，图 7-5c 为 C 面的二次电子扫描图像，图 7-5d 为铸态试件的二次电子扫描图像。图 7-5a 和图 7-5c 显示了均匀分布的胞状亚晶粒组织。图 7-5b 显示了两种不同尺寸的胞状亚晶粒组织，在熔池边界线右侧组织与图 7-5a 类似，为均匀细小的胞状亚晶粒，在熔池边界线左侧显示了较粗大的伸长胞状亚晶粒。

由此可知，SLM 试样的 A 面、B 面和 C 面的微观组织结构没有太大差别，都是胞状亚晶粒结构，胞状亚晶粒尺寸在 200~1000nm 范围。在熔池的不同部位由于热流量的微小差别而导致组织的微小差别，从而出现不同尺寸的胞状亚晶粒结构。图 7-5d 显示了层片状的共晶组织，组织非常细小，层片间距在 2μm 左右。增材制造试样没有呈现出铸态的层片状共晶组织，而是胞状亚晶粒组织，较铸态更加细小。

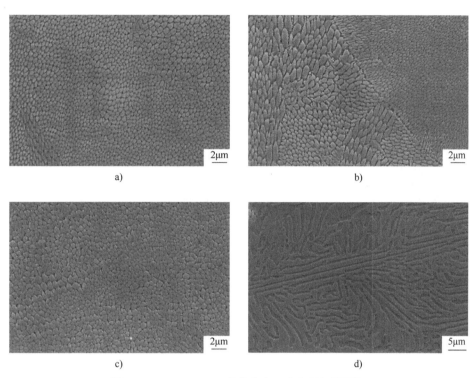

图 7-5　AlCoCrFeNi$_{2.1}$ 高熵合金二次电子扫描图像

注：a、b 和 c 为激光增材制造试样，d 为铸态试样。

　　由于 SLM 试样的组织形态较铸态发生了很大变化，为确定 SLM 试样是否和铸态一样为共晶组织结构，对其进行了差示扫描热分析（differential scanning calorimeter，DSC），结果如图 7-6 所示。从图中可以看出：在升温和降温的过程中，曲线上分别只有一个吸热峰和放热峰出现。这说明 SLM 试样的胞状亚晶粒结构也是一种共晶组织，可称为胞状亚晶粒结构共晶组织。

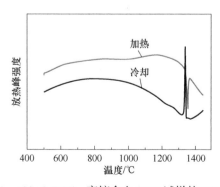

图 7-6　AlCoCrFeNi$_{2.1}$ 高熵合金 SLM 试样的 DSC 曲线

对铸态和 SLM 试样做了电子探针显微分析，分别如图 7-7 和图 7-8 所示（彩色图见书后插页）。由图 7-7 可以看出：在铸态的 A、B 两相有明显的成分差异，其中 A 相 Co、Cr 和 Fe 元素含量较多，而 B 相富集 Al、Ni 元素。查阅相关文献资料，确定 A 相为 FCC 相，B 为 B2 相。由图 7-8 看出 SLM 试样没有元素偏聚现象。虽然 SLM 试样为共晶组织结构，但是并没有从电子探针显微镜分析仪（electron probe microanalyzer，EPMA）中观察到明显的两相分布，这是由于该电子探针

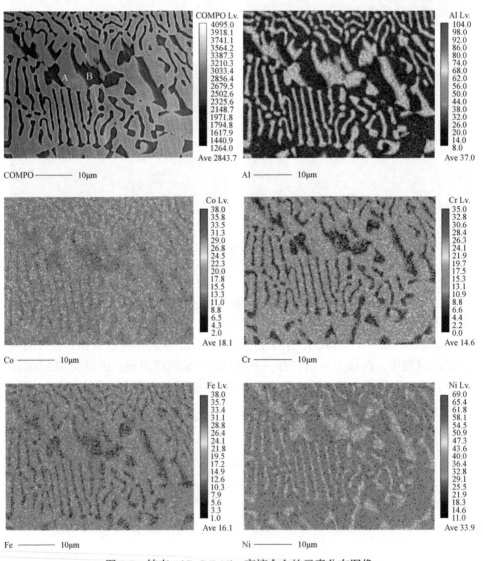

图 7-7　铸态 AlCoCrFeNi$_{2.1}$ 高熵合金的元素分布图像

注：彩色图见书后插页。

设备的最小分辨率为 0.1 μm，分辨不出胞状亚结构边界和内部的成分差别。与铸态相比，SLM 试样的元素分布更加均匀了。说明增材制造由于快速凝固，抑制了元素偏聚，没有形成明显的层片状共晶结构，而是形成了胞状亚结构共晶组织。元素分布的均匀化产生了更大的晶格畸变，与射线的检测结果相呼应。

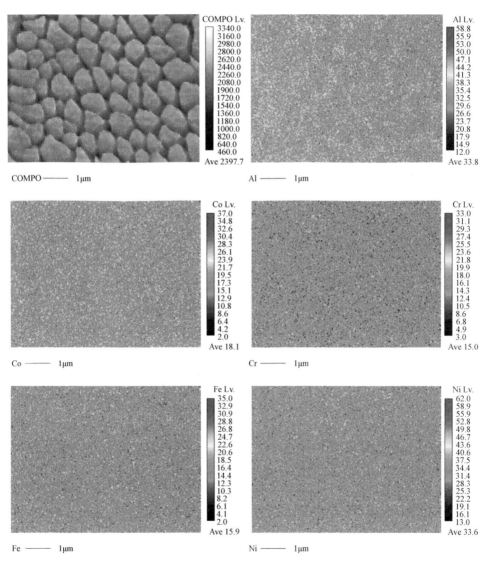

图 7-8　SLM AlCoCrFeNi₂.₁ 高熵合金的元素分布图像

注：彩色图见书后插页。

7.2.3 胞状亚晶粒组织形成机制

增材制造的 AlCoCrFeNi$_{2.1}$ 高熵合金出现了胞状亚晶粒组织，通过查阅文献可知这种胞状组织不仅可以在激光选区熔化中看到，在激光焊接[91]、激光表面重熔[92]、激光熔覆[93, 94]，甚至传统定向凝固[95]中均有类似特征。图 7-9a 所示为 316L 不锈钢激光选区熔化亚晶粒组织[96]，可以清楚地看到六角胞状、伸长胞状亚晶粒组织，六角胞状组织的尺寸约为 1μm，图 7-9b 为 CoCrMo 合金激光选区熔化胞状亚晶粒蜂窝结构图，尺寸为 300~500nm。

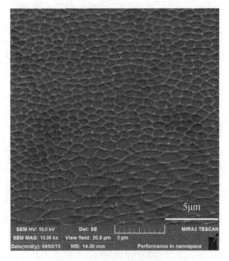 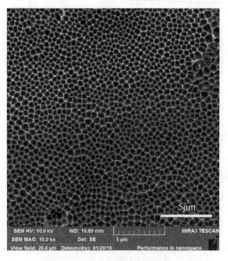

a) 316L不锈钢SLM亚晶粒组织 b) CoCrMo合金SLM亚晶粒蜂窝胞状结构图[96]

图 7-9 316L 不锈钢和 CoCrMo 合金的 SLM 胞状亚晶粒蜂窝结构图

近年来有些学者发现合金凝固界面演化行为与凝固速度紧密相关[95]，图 7-10 所示为凝固界面演化与生长速度的关联。随着凝固速度的增大，凝固界面经历"平面状（P1）→胞状（C1）→树枝晶状（D）→胞状亚晶粒结构（C2）→平面状（P2）"演变过程，而且形貌尺寸随凝固速度的增加而减小。在凝固速度非常慢时，合金凝固界面呈现平面状（P1）结构；若凝固速度加快，界面失稳扰动而演化成六角胞状（C1）结构；凝固速度进一步增大发生胞状（C1）→树枝晶状（D）转化，六角胞状先转化为伸长胞状，进一步失稳再转化为树枝晶状组织；凝固速度继续增大，树枝晶组织发生细化；当树枝晶尖端半径小到一定程度时，树枝晶状组织先转化为条带状结构，然后演化成伸长胞状和六角胞状亚晶粒结构，即发生树枝晶状（D）→胞状亚晶粒结构（C2）转变；当凝固速度极快时，又回到平面状（P2）结构。

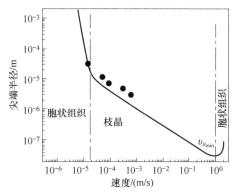

图 7-10　凝固界面演化与生长速度的关联[95]

有学者[96]以 SLM 技术制备 316L 不锈钢为研究背景，先用有限元模拟分析了激光熔池的冷却速度、温度梯度和熔池形态等；然后用 316L 不锈钢单层铺粉激光熔化试验观察了表面凝固形貌，并将凝固速度、温度梯度和毛细热对流与形貌相关联；最后运用树枝晶凝固理论和贝纳德失稳自组织原理分析了亚晶粒形成机制。认为胞状亚晶粒是由热毛细对流运动和贝纳德自组织作用而产生的，主要受温度梯度、张力梯度和热扩散系数等本征物理量的影响，而受合金成分、溶质分配系数、溶质扩散系数等参数的影响较小。这种亚晶粒的形成机制适用于高凝固速度和大温度梯度的微尺度熔池。温度梯度较高时，容易产生对流失稳和贝纳德自组织花样；凝固速度很快时，可以使瞬态组织结构被保存到凝固组织中。激光选区熔化恰恰满足了这两个条件，因而可以形成这种胞状亚晶粒。

7.3　AlCoCrFeNi$_{2.1}$ 的各项性能分析

7.3.1　致密度分析

由于高熵合金的理论密度是计算出来的，难免会有偏差，因此本文的致密度是一个相对值。不同的计算方法所得的理论密度是不同的，例如对于合金中每种元素的体积影响，其理论密度 ρ_1 为

$$\rho_1 = \frac{xM_A + yM_B + zM_C}{x\dfrac{M_A}{\rho_A} + y\dfrac{M_B}{\rho_B} + z\dfrac{M_C}{\rho_C}} \tag{7-1}$$

若不考虑每种元素体积的影响因素，其理论密度 ρ_2 为

$$\rho_2 = \frac{x\rho_A + y\rho_B + z\rho_C}{x + y + z} \tag{7-2}$$

式中 M_A、M_B、M_C——元素 A、B 和 C 的相对原子质量；

ρ_A、ρ_B、ρ_C——纯金属 A、B 和 C 的密度。

按式（7-1）算出 AlCoCrFeNi$_{2.1}$ 高熵合金的理论密度 7.077g/cm^3，但是测出的铸态 AlCoCrFeNi$_{2.1}$ 高熵合金的密度为 7.335g/cm^3，增材制造试样的密度为 7.389g/cm^3，按式（7-2）计算出理论密度 7.435g/cm^3，大于实测密度，因此铸态高熵合金的密度为理论密度的 98.655%，增材制造试样致密度更好一些，为理论密度的 99.381%。SLM 技术可成形近全致密度金属零件，通过控制激光束按一定扫描策略填充零件区，使熔道搭接形成致密层。上层扫描激光穿透至下层熔道顶部，使上下层形成紧密的冶金结合。多种材料 SLM 试验表明，SLM 零件的致密度可高达 99.9%，超过一般铸件水平，与锻件相当。

7.3.2 力学性能分析

1. 拉伸性能

图 7-11 为 AlCoCrFeNi$_{2.1}$ 高熵合金拉伸应力 - 应变曲线，两条曲线均没有明显的屈服阶段。铸态试样的屈服强度约为 545MPa，抗拉强度约为 1070MPa，断裂总延伸率约为 17%；通过增材制造，试样的强度和塑性均有明显提升，屈服强度约为 1040MPa，约为铸态的 2 倍，抗拉强度超过了 1200MPa，断裂总延伸率达到了 23%。有许多学者对 AlCoCrFeNi$_{2.1}$ 高熵合金进行过研究，例如 I.S.Wani 等[97] 通过 90% 冷轧加热处理（在 800℃保温 1h），使铸态 AlCoCrFeNi$_{2.1}$ 高熵合金屈服强度达到 1100MPa，抗拉强度达到 1200MPa，但断裂总延伸率降低到 11%。铸态、铸态加后处理和 SLM 的 AlCoCrFeNi$_{2.1}$ 高熵合金的拉伸性能对比见表 7-2。通过激光增材制造直接成形的方式同时提升了它的强度和塑性，而且强度能和铸态加后处理的结果相媲美。增材制造由于冷却速度很快，晶粒来不及长大就凝固，从而细化了晶粒。晶粒越细小，晶界越多，而晶界面是位错运动的阻碍，位错被阻碍的位置增多，因此提升了 AlCoCrFeNi$_{2.1}$ 高熵合金的强度。晶粒越细小，单位体积内晶粒越多，形变时同样的形变量可以同时分布到更多的晶粒中，产生均匀的形变而不会造成局部应力过度集中，避免裂纹的过早发生与发展，从而提升了 AlCoCrFeNi$_{2.1}$ 高熵合金的塑性。屈服强度是金属材料重要的力学性能指标，传统的强度设计方法中依据的也是屈服强度。但并不是屈服强度越大越好，高的屈服强度导致了高的屈强比（屈服强度与抗拉强度的比值），不利于某些应力集中部位的应力重新分布，容易发生脆性破坏，屈强比高的好处是节约材料、减轻重量。本试验中铸态的屈强比约为 0.5，增材制造后的屈强比约为 0.85，虽然屈强比更高，但是在屈服强度过后有较长的均匀塑性变形区以保证材料安全运行。因此当屈

强比超标或对屈强比的大小有疑虑时，应结合材料的应力 - 应变曲线进行综合评价[98]。

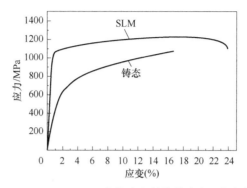

图 7-11   AlCoCrFeNi$_{2.1}$ 高熵合金的拉伸应力 - 应变曲线

表 7-2   铸态、铸态加后加处理和 SLM 的 AlCoCrFeNi$_{2.1}$ 高熵合金的拉伸性能对比

成形方法	屈服强度 R_{eL}/MPa	抗拉强度 R_m/MPa	断裂延伸率 δ（%）
铸态	545	1070	17
铸态（90% 冷轧 +800℃ 1h）[57]	1100	1200	11
激光选区熔化	1040	1220	23.8

利用经验公式将工程应力 - 应变曲线转化为真应力 - 真应变曲线，然后得出加工硬化率（dσ/dε）曲线，如图 7-12 所示。可以看出：两条加工硬化率曲线开始时均迅速下降，然后过渡到一个非常缓慢的下降过程，铸态的加工硬化

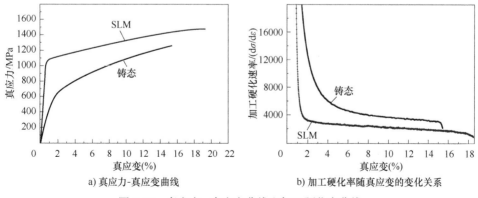

a) 真应力-真应变曲线　　　　b) 加工硬化率随真应变的变化关系

图 7-12   真应力 - 真应变曲线和加工硬化率曲线

率曲线过渡更缓一些。这种近似于平台的缓慢下降过程很可能是由于位错的增殖缠结而产生的。铸态及 SLM 试样的晶粒组织都很细小，晶界相对较多，对位错的阻碍就越多，因此产生了持续的加工硬化而出现了近似于平台的缓慢下降区，最后在接近断裂处，加工硬化率较快速下降。图 7-13a 为拉伸后的 SLM 试样，从宏观上可以看出断口呈不规则剪切状，断裂面与拉伸方向呈 45°。图 7-13b 为 SLM 试样断口形貌，可以看出有许多小韧窝，属于韧性断裂。

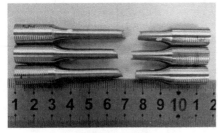

| a) 拉断的SLM试样 | b) SLM试样断口形貌 |

图 7-13　拉断的试样和断口形貌

2. 硬度

测得铸态 $AlCoCrFeNi_{2.1}$ 高熵合金硬度为 320HV，激光增材制造试样的硬度为 354HV。增材制造试样的组织为细小的胞状亚结构共晶组织，晶粒细小，细晶强化作用提高了试样的强度和硬度。

3. 摩擦磨损性能

铸态和 SLM 试样的磨损量和摩擦系数见表 7-3。摩擦系数指两表面间的摩擦力和垂直应力之比，代表了表面间的润滑程度，摩擦系数越小，材料的减磨性越好。在此试验条件下，铸态和 SLM 试样的摩擦系数很接近。在相同试验条件下磨损量越小，耐磨性越好。铸态试样的磨损量为 29.6mg，远小于 SLM 试样的 61mg，因此铸态试样的耐磨性要更好些。图 7-14 为 $AlCoCrFeNi_{2.1}$ 高熵合金的磨损表面微观形貌，铸态试样的表面存在磨屑颗粒和即将脱落的片层，并有浅浅的犁皱，其磨损机制为黏着磨损并伴随磨粒磨损。对磨屑颗粒进行 EDS 分析，如图 7-15 所示，发现磨屑颗粒成分富含 Al 和 Ni 元素，因此推测磨屑颗粒为硬质 B2 相。SLM 试样磨损表面与铸态相比更加光滑，存在即将脱落的片层而几乎没有磨屑颗粒，其磨损机制主要为黏着磨损。

表 7-3　铸态和 SLM 试样的磨损量和摩擦系数

成形方法	摩擦系数	磨损量 /mg
铸态	0.54	29.6
激光选区熔化	0.55	61

a) 铸态   b) 激光选区熔化

图 7-14 AlCoCrFeNi$_{2.1}$ 高熵合金的磨损表面微观形貌

元素	摩尔分数(%)
Al	24.36
Co	12.12
Cr	13.56
Fe	14.50
Ni	35.45

图 7-15 磨屑颗粒的 EDS 分析

刚开始磨损时，虽然试验中施加的载荷只有 30N，但销状试样的尖端和摩擦副接触面积非常小，能产生很大的应力，试样与摩擦副相对滑动速度比较小（0.4m/s）而且都为金属，这些条件都容易促成黏着磨损。在摩擦磨损过程中，试样表面局部区域发生塑性变形，在剪切力的作用下脱落成磨屑。磨屑的存在使得黏着磨损伴随着磨粒磨损，硬质磨粒减缓了试样的磨损速度，降低了磨损量。而 SLM 试样并没有硬质颗粒的润滑作用，磨损机制主要为黏着磨损，因此铸态试样的耐磨性要好于 SLM 试样。

7.3.3 耐蚀性分析

由于高熵合金的"鸡尾酒效应"，高熵合金耐蚀性的强弱主要受其组成元素种类的影响。在 AlCoCrFeNi$_{2.1}$ 高熵合金中，Al 元素能促进表面产生氧化膜，从而提高合金的耐蚀性；Cr 元素能够提高腐蚀电位，降低腐蚀电流密度[99]，促进钝化膜的形成；Co、Ni 元素也具有良好的耐蚀性。"鸡尾酒效应"并不是单个元素性能的简单加和，而可能出现相互作用以外的效果。因此 AlCoCrFeNi$_{2.1}$ 高熵合金可能具有优异的耐蚀性，这里利用电化学法对铸态及增材制造的 AlCoCrFeNi$_{2.1}$ 高熵合金进行了耐蚀性研究。图 7-16 为 AlCoCrFeNi$_{2.1}$ 高熵合金和 304 不锈钢在 3.5%（质量分数）的 NaCl 溶液中的极化曲线图。利用 Tafel 曲线外插与电极电位相交得到腐蚀电位、腐蚀电流密度等参数，列于表 7-4 中。发现铸态和 SLM 试样的极化曲线很接近，在阳极区均没有出现明显的钝化现象；而 304 不锈钢的钝化更明显一些，钝态稳定区更长，钝态区的腐蚀电流密度更小一些。从腐蚀电位和腐蚀电流密度数值来看，三个试样差别不大，说明 AlCoCrFeNi$_{2.1}$ 高熵合金的耐蚀性可以与 304 不锈钢相媲美，且增材制造对其耐蚀性能几乎没有影响。由于 SLM 试样组织晶粒细小，晶界占比相对较大，而晶界较晶内更容易腐蚀，因此推测 SLM 试样耐蚀性较铸态会变差。但是试验结果并非如此，根据文献[100]介绍，某些钢和铝一般随着基体材料晶粒度的减小，其耐蚀性能增强；而铜、镁一般随着基体材料晶粒度的减小，耐蚀性能减弱。总体来说，细化晶粒导致晶界增多，使初期的自腐蚀电流密度较大，若材料能产生钝化膜，将增强材料的耐蚀性，否则降低材料的耐蚀性，因此耐蚀性并非简单的受晶粒尺度的影响。

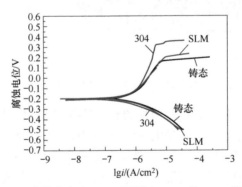

图 7-16 AlCoCrFeNi$_{2.1}$ 高熵合金和 304 不锈钢在 3.5% 的 NaCl 溶液中的极化曲线图

表 7-4 AlCoCrFeNi$_{2.1}$ 高熵合金和 304 不锈钢在 3.5% 的 NaCl 溶液中的极化参数

样品	铸态	SLM	304
腐蚀电位 E/V	−0.196	−0.197	−0.207
腐蚀电流 i/（A/cm^2）	1.1×10^{-6}	1.0×10^{-6}	9.5×10^{-7}

7.4　本章小结

本章主要研究了 AlCoCrFeNi$_{2.1}$ 高熵合金的铸态及 SLM 试样的微观组织结构及各项性能，得到以下结论。

1）SLM 试样可看成由无数个熔道堆叠而成，在低倍光镜下呈现出鳞片状和长条状等特定的形态。熔道的宽为 80~100μm，与激光光斑直径接近。在高倍扫描电镜下，铸态为层片状共晶组织，层间距约为 2μm；而 SLM 试样的微观组织为胞状亚结构共晶组织，尺寸为 200~1000nm。经电子探针面扫描分析发现，增材制造高熵合金的元素分布更加均匀。说明增材制造的快速凝固效应抑制了元素偏聚。SLM 试样没有形成明显的层片状共晶结构，而是形成了胞状亚结构共晶组织。

2）在合适的工艺参数下，SLM 试样的致密度高于铸态。与铸态相比，SLM 试样在强度和塑性方面都有明显提升，屈服强度由 545MPa 提升到 1040MPa，抗拉强度由 1070MPa 提升到 1200MPa，断裂总延伸率由 17% 提升到 23%，硬度由 320HV 提升到 354HV。在摩擦磨损性能方面，SLM 试样的磨损机制主要为黏着磨损；而铸态试样磨损机制为黏着磨损并伴随磨粒磨损，铸态试样的耐磨性较 SLM 试样更好。在 3.5%（质量分数）NaCl 溶液环境下，铸态 AlCoCrFeNi$_{2.1}$ 高熵合金的耐蚀性可以与 304 不锈钢相媲美，且 SLM 成形工艺对其耐蚀性能几乎没有影响。

参 考 文 献

［1］ YEH J W. Alloy design strategies and future trends in high-entropy alloys［J］. Jom，2013，
65：1759-1771.

［2］ YEH J W，CHEN S K，LIN S J，et al. Nanostructured high-entropy alloys with multiple
principal elements：novel alloy design concepts and outcomes［J］. Advanced engineering
materials，2004，6（5）：299-303.

［3］ 张玥. 激光熔覆 CrCoNi 中熵合金涂层的制备工艺与性能研究［D］. 上海：上海交通大
学，2020.

［4］ 印永嘉，奚正楷，张树永，等. 物理化学简明教程［M］.4 版. 北京：高等教育出版社，
2007.

［5］ 梁英教. 物理化学［M］. 修订本. 北京：冶金工业出版社，1983.

［6］ YE Y，WANG Q，LU J，et al. High-entropy alloy：challenges and prospects［J］.
Materials Today，2016，19（6）：349-362.

［7］ WU Z，BEI H，OTTO F，et al. Recovery，recrystallization，grain growth and phase
stability of a family of FCC-structured multi-component equiatomic solid solution alloys［J］.
Intermetallics，2014，46：131-140.

［8］ GLUDOVATZ B，HOHENWARTER A，THURSTON K V，et al. Exceptional damage-
tolerance of a medium-entropy alloy CrCoNi at cryogenic temperatures［J/OL］. Nature
communications，2016，7（1）：10602.［2023-12-21］. https：//doi.org/10.1038/
ncomms10602.

［9］ 薛雨杰，李双元，王正品，等. 热轧对 CoCrNi 中熵合金微观组织和性能的影响［J］.
西安工业大学学报，2019，39（2）：179-184.

［10］ SLONE C，MIAO J，GEORGE E P，et al. Achieving ultra-high strength and ductility
in equiatomic CrCoNi with partially recrystallized microstructures［J］. Acta Materialia，
2019，165：496-507.

［11］ WU Z，GUO W，JIN K，et al. Enhanced strength and ductility of a tungsten-doped
CoCrNi medium-entropy alloy［J］. Journal of Materials Research，2018，33（19）：
3301-3309.

［12］ CHANG R，FANG W，YAN J，et al. Microstructure and mechanical properties of
CoCrNi-Mo medium entropy alloys：Experiments and first-principle calculations［J］.
Journal of Materials Science&Technology，2021，62：25-33.

［13］ LU W，LUO X，YANG Y，et al. Effects of Al addition on structural evolution
and mechanical properties of the CrCoNi medium-entropy alloy［J/OL］. Materials
Chemistry and Physics，2019，238：121841.［2023-12-21］. https：//doi.org/10.1016/
j.matchemphys.2019.121841.

［14］ KISHAWY H A, HOSSEINI A, et al. Machining Difficult-to-Cut Materials: Basic Principles and Challenges ［M］. Berlin: Springer, 2019.

［15］ ZHAO Y, YANG T, TONG Y, et al. Heterogeneous precipitation behavior and stacking-fault-mediated deformation in a CoCrNi-based medium-entropy alloy ［J］. Acta Materialia, 2017, 138: 72-82.

［16］ CANTOR B, CHANG I T H, KNIGHT P, et al. Microstructural development in equiatomic multicomponent alloys ［J］. Materials Science and Engineering: A, 2004, 375-377: 213-218.

［17］ YEH J W, CHEN S K, LIN S J, et al. Nanostructured High-entropy alloys with multiple principal elements: novel alloy design concepts and outcomes ［J］. Advanced Engineering Materials, 2004, 6 (5): 299-303.

［18］ NAM S, HWANG J Y, JEON J, et al. Deformation behavior of nanocrystalline and ultrafine-grained CoCrCuFeNi high-entropy alloys ［J］. Journal of Materials Research, 2019, 34 (5): 720-731.

［19］ JOSEPH J, STANFORD N, HODGSON P, et al. Understanding the mechanical behaviour and the large strength/ductility differences between FCC and BCC Al$_x$CoCrFeNi high entropy alloys ［J］. Journal of Alloys and Compounds, 2017, 726: 885-895.

［20］ 鲍美林, 乔珺威. 密排六方结构高熵合金研究进展 ［J］. 中国材料进展, 2018, 37 (4): 264-272.

［21］ SINGH S, WANDERKA N, MURTY B S, et al. Decomposition in multi-component AlCoCrCuFeNi high-entropy alloy ［J］. Acta Materialia, 2011, 59 (1): 182-190.

［22］ SENKOV O N, WILKS G B, SCOTT J M, et al. Mechanical properties of Nb25Mo25Ta25W25 and V20Nb20Mo20Ta20W20 refractory high entropy alloys ［J］. Intermetallics, 2011, 19 (5): 698-706.

［23］ 刘源, 陈敏, 李言祥, 等. Al$_x$CoCrCuFeNi 多主元高熵合金的微观结构和力学性能 ［J］. 稀有金属材料与工程, 2009, 38 (9): 1602-1607.

［24］ MA S G, ZHANG Y. Effect of Nb addition on the microstructure and properties of AlCoCrFeNi high-entropy alloy ［J］. Materials Science&Engineering, 2012, 532: 480-486.

［25］ OLDŘICH SCHNEEWEISS, MARTIN FRIÁK, MARIE DUDOVÁ, et al. Magnetic properties of the CrMnFeCoNi high-entropy alloy ［J/OL］. Physical Review: B, 2017, 96: 014437. ［2023-12-21］. https://doi.org/10.1103/phys RevB.96.014437.

［26］ GAO X Y, LU Y Z, HU W H, et al. In situ strengthening of CrMnFeCoNi high-entropy alloy with Al realized by laser additive manufacturing ［J/OL］. Journal of Alloys and Compounds, 2020, 847: 156563. ［2023-12-21］. https://doi.org/10.1016/j.jallom.2020.156563.

［27］ ZHOU Y J, ZHANG Y, WANG L Y, et al. Solid solution alloys of AlCoCrFeNiTi$_x$ with excellent room-temperature mechanical properties ［J/OL］. Applied physics letters, 2007, 90 (18): 181904. ［2023-12-21］. https://doi.org/10.1063/1.2734517.

［28］孙永涛，丁千，于仕辉，等.一种高熵合金蜂窝夹层板结构：CN207758261U［P］. 2018-08-24.

［29］WANG X F, ZHANG Y, QIAO Y, et al. Novel microstructure and properties of multi-component CoCrCuFeNiTi$_x$ alloys［J］. Intermetallics, 2007, 15（3）：357-362.

［30］高杏燕.CoCrCuFeNi 系高熵合金的凝固组织与性能研究［D］.镇江：江苏科技大学，2014.

［31］SENKOV O N, SCOTT J M, SENKOVA S V, et al. Microstructure and room temperature properties of a high-entropy TaNbHfZrTi alloy［J］. Journal of Alloys & Compounds, 2011, 509（20）：6043-6048.

［32］XIANG L, GUO W, LIU B, et al. Microstructure and Mechanical Properties of TaNbVTiAl$_x$ Refractory High-Entropy Alloys［J］. Entropy, 2020, 22（3）：282.

［33］YEH J W, CHEN Y L, LIN S J, et al. High-Entropy Alloys-A New Era of Exploitation［C］//Materials Science Forum.Trans Tech Publications, 2007.

［34］YONG Z A, TTZ A, ZHI T B, et al. Microstructures and properties of high-entropy alloys［J］. Progress in Materials Science. 2014, 61：1-93.

［35］WANG Z P, FANG Q H, LI J, et al. Effect of lattice distortion on solid solution strengthening of BCC high-entropy alloys［J］. Journal of Materials Science and Technology, 2018, 34（2）：349-354.

［36］PRAVEEN S, BASU J, KASHYAP S, et al. Exceptional resistance to grain growth in nanocrystalline CoCrFeNi high entropy alloy at high homologous temperatures［J］. Journal of Alloys and Compounds, 2016, 662：361-367.

［37］ZHOU Y J, ZHANG Y, KIM T N, et al. Microstructure characterizations and strengthening mechanism of multi-principal component AlCoCrFeNiTi$_{0.5}$ solid solution alloy with excellent mechanical properties［J］. Materials Letters, 2008, 62（17-18）：2673-2676.

［38］RANGANATHAN S. Alloyed pleasures：multimetallic cocktails［J］. Current science, 2003, 85（5）：1404-1406.

［39］TSENG K K, YANG Y C, JUAN C C, et al. A light-weight high-entropy alloy Al20Be20Fe10Si15Ti35［J］. Science China：Technological Sciences, 2018, 61（2）：184-188.

［40］TONG C J, CHEN M R, YEH J W, et al. Mechanical performance of the AlxCoCrCuFeNi high-entropy alloy system with multiprincipal elements［J］. Metallurgical&Materials Transactions；Part A, 2005, 36（5）：1263-1271.

［41］CUI Y, SHEN J, MANLADAN SM, et al. Wear resistance of FeCoCrNiMnAl$_x$ high entropy alloy coatings at high temperature［J/OL］. Applied Surface Science, 2020, 512：145736［2023-12-21］. https：//doi.org/10.1016/j.apsusc.2020.145736.

［42］WANG J, ZHANG B, YU Y, et al. Study of high temperature friction and wear performance of（CoCrFeMnNi）85Ti15 high-entropy alloy coating prepared by plasma cladding［J/OL］. Surface and Coatings Technology, 2020, 384：125337.［2023-12-

21］. https://doi.org/10.1016/j.surfcoat.2020.125337.

［43］YE YF, WANG Q, LU J, et al. High-entropy alloy: challenges and prospects［J］. Materials Today, 2016, 19（6）: 349-362.

［44］GLUDOVATZ B, HOHENWARTER A, CATOOR D, et al. A fracture-resistant high-entropy alloy for cryogenic applications［J］. Science, 2014, 345（6201）: 1153-1158.

［45］SALISHCHEV GA, TIKHONOVSKY MA, SHAYSULTANOV DG, et al. Effect of Mn and V on structure and mechanical properties of high-entropy alloys based on CoCrFeNi system［J］. Journal of Alloys and Compounds, 2014, 591: 11-21.

［46］SHAHMIR H, HE J, LU Z, et al. Effect of annealing on mechanical properties of a nanocrystalline CoCrFeNiMn high-entropy alloy processed by high-pressure torsion［J］. Materials Science and Engineering: A, 2016, 676: 294-303.

［47］HU Z, ZHAN Y, ZHANG G, et al. Effect of rare earth Y addition on the microstructure and mechanical properties of high entropy AlCoCrCuNiTi alloys［J］. Materials and Design, 2010, 31（3）: 1599-1602.

［48］FUJIEDA T, SHIRATORI H, KUWABARA K, et al. CoCrFeNiTi-based high-entropy alloy with superior tensile strength and corrosion resistance achieved by a combination of additive manufacturing using selective electron beam melting and solution treatment［J］. Materials Letters, 2017, 189: 148-151.

［49］KIM Y-K, JOO Y-A, KIM H S, et al. High temperature oxidation behavior of Cr-Mn-Fe-Co-Ni high entropy alloy［J］. Intermetallics, 2018, 98: 45-53.

［50］TODD, M, BUTLER, et al. Oxidation behavior of arc melted AlCoCrFeNi multi component high-entropy alloys［J］. Journal of Alloys and Compounds, 2016, 674: 229-244.

［51］洪丽华, 张华, 王乾廷, 等. Al0.5CoCrFeNi 高熵合金高温腐蚀行为研究［J］. 热加工工艺, 2013(8): 64-66.

［52］李萍, 庞胜娇, 赵杰, 等. CoCrFeNiTi$_{0.5}$ 高熵合金在熔融 Na$_2$SO$_4$-25% NaCl 中的腐蚀行为［J］. 中国有色金属学报, 2015, 25(2): 367-374.

［53］YU X, SONG P, HE X, et al. Influence of the combined-effect of NaCl and Na$_2$SO$_4$ on the hot corrosion behaviour of aluminide coating on Ni-based alloys［J］. Journal of Alloys and Compounds, 2019, 790: 228-239.

［54］HOU L, HUI J, YAO Y, et al. Effects of Boron Content on microstructure and mechanical properties of AlFeCoNiB$_x$ High Entropy Alloy Prepared by vacuum arc melting［J］. Vacuum, 2019, 164: 212-218.

［55］LIU W H, WU Y, HE J Y, et al. Grain growth and the Hall-Petch relationship in a high-entropy FeCrNiCoMn alloy［J］. Scripta Materialia, 2013, 68（7）: 526-529.

［56］CHEN CHUN LIANG, Suprianto. Microstructure and mechanical properties of AlCuNiFeCr high entropy alloy coatings by mechanical alloying［J/OL］. Surface and Coatings Technology, 2020, 386: 125443.［2023-12-21］. https://doi.org/10.1016/j.surfcoat.2020.125443.

［57］SHIVAM V, SHADANGI Y, BASU J, et al. Evolution of phases, hardness and magnetic properties of AlCoCrFeNi high entropy alloy processed by mechanical alloying

［J/OL］. Journal of Alloys and Compounds, 2020, 832: 154826. ［2023-12-21］. https: // doi.org/10.1016/j.jallcom.2020.154826.

［58］KIM Y S, PARK H J, MUN S C, et al. Investigation of structure and mechanical properties of TiZrHfNiCuCo high entropy alloy thin films synthesized by magnetron sputtering ［J］. Journal of Alloys and Compounds, 2019, 797: 834-841.

［59］姚陈忠, 马会宣, 童叶翔. 非晶纳米高熵合金薄膜 Nd-Fe-Co-Ni-Mn 的电化学制备及磁学性能［J］. 应用化学, 2011, 28 (10): 1189-1194.

［60］郭伟, 梁秀兵, 陈永雄, 等. 一种新型的热喷涂材料［J］. 材料导报, 2011, 25 (2): 504-506.

［61］BERND GLUDOVATZ, ANTON HOHENWARTER, DHIRAJ CATOOR, et al. A fracture-resistant high-entropy alloy for cryogenic applications［J］. Science, 2014, 345 (6201): 1153-1158.

［62］SUN S J, TIAN Y Z, AN X H, et al. Ultrahigh cryogenic strength and exceptional ductility in ultrafine-grained CoCrFeMnNi high-entropy alloy with fully recrystallized structure［J］. Materials Today Nano, 2018, 4: 46-53.

［63］KOCH C C. Nanostructured materials: processing, properties and applications［M］. Norwich: William Andrew Pub, 2006.

［64］JAE B S, JAE W B, LI Z, et al. Boron doped ultrastrong and ductile high-entropy alloys［J］. Acta Materialia, 2018, 151: 366-376.

［65］HE J Y, LIU W H, WANG H, et al. Effects of Al addition on structural evolution and tensile properties of the FeCoNiCrMn high-entropy alloy system［J］. Acta Materialia, 2014, 62 (1): 105-113.

［66］CHEN S, OH H S, GLUDOVATZ B, et al. Real-time observations of TRIP-induced ultrahigh strain hardening in a dual-phase CrMnFeCoNi high-entropy alloy［J/OL］. Nature Communications, 2020, 11 (1): 826. ［2023-12-21］. https: //doi.org/10.1038/s41467-020-14641-1.

［67］李涤尘, 苏秦, 卢秉恒. 增材制造——创新与创业的利器［J］. 航空制造技术, 2015, 58 (10): 40-43.

［68］黄秋实, 李良琦, 高彬彬. 国外金属零部件增材制造技术发展概述［J］. 国防制造技术, 2012 (5): 26-29.

［69］GIBSON I, ROSEN D, STUCKER B, et al. Additive Manufacturing Technologies［M］. New York: Springer US, 2015.

［70］赵剑峰, 马智勇, 谢德巧, 等. 金属增材制造技术［J］. 南京航空航天大学学报, 2014, 46 (5): 675-683.

［71］胡捷, 廖文俊, 丁柳柳, 等. 金属材料在增材制造技术中的研究进展［J］. 材料导报: 纳米与新材料专辑, 2014, 28 (2): 459-462.

［72］JIA Q, GU D. Selective laser melting additive manufacturing of Inconel 718 superalloy parts: Densification, microstructure and properties［J］. Journal of Alloys & Compounds, 2014, 585: 713-721.

［73］MURR L E, GAYTAN S M, MEDINA F, et al. Characterization of Ti-6Al-4V open cellular foams fabricated by additive manufacturing using electron beam melting［J］. Materials Science&Engineering A, 2010, 527（7-8）: 1861-1868.

［74］LU Y, HUANG Y, LU X, et al. Specific heat capacities of Fe-Co-Cr-Mo-C-B-Y bulk metallic glasses and their correlation with glass-forming ability［J］. Materials Letters, 2015, 143: 191-193.

［75］VAEZI M, SEITZ H, YANG S.A review on 3D micro-additive manufacturing technologies［J］. International Journal of Advanced Manufacturing Technology, 2013, 67（5-8）: 1721-1754.

［76］HU D, KOVACEVIC R. Sensing, modeling and control for laser-based additive manufacturing［J］. International Journal of Machine Tools and Manufacture, 2003, 43（1）: 51-60.

［77］LAWRENCE E M, SARA M G, DIANA A R, et al. Fabrication by Additive Manufacturing Using Laser and Electron Beam Melting Technologies［J］. Journal of Materials Science and Technology, 2012, 28（1）: 1-14.

［78］GU D D, MEINERS W, WISSENBACH K, et al. Laser additive manufacturing of metallic components: materials, processes and mechanisms［J］. International Materials Reviews, 2012, 57（3）: 133-164.

［79］杨强, 鲁中良, 黄福享, 等.激光增材制造技术的研究现状及发展趋势［J］.航空制造技术, 2016（12）: 26-31.

［80］BRIF Y, THOMAS M, TODD I.The use of high-entropy alloys in additive manufacturing［J］. Scripta Materialia, 2015, 99: 93-96.

［81］MALATJI N, POPOOLA A P I, LENGOPENG T, et al. Tribological and corrosion properties of laser additive manufactured AlCrFeNiCu high entropy alloy［J］. Materials Today: Proceedings, 2020, 28（2）: 944-948.

［82］TADASHI FUJIEDA, MEICHUAN CHEN, HIROSHI SHIRATORI, et al. Mechanical and corrosion properties of CoCrFeNiTi-based high-entropy alloy additive manufactured using selective laser melting［J］. Additive Manufacturing, 2019, 25: 412-420.

［83］LIN D Y, XU L Y, JING H Y, et al. Effects of annealing on the structure and mechanical properties of FeCoCrNi high-entropy alloy fabricated via selective laser melting［J/OL］. Additive Manufacturing, 2020, 32（2）: 101058.［2023-12-21］. https://doi.org/10.1016/j.addma.2020.101058.

［84］KARLSSON D, MARSHAL A, JOHANSSON F, et al. Elemental segregation in an AlCoCrFeNi high-entropy alloy-A comparison between selective laser melting and induction melting［J］. Journal of Alloys&Compounds, 2019, 784: 195-203.

［85］ZHANG M, ZHOU X, YU X, et al. Synthesis and characterization of refractory TiZrNbWMo high-entropy alloy coating by laser cladding［J］. Surface and Coatings Technology, 2017, 311: 321-329.

［86］LUO S C, ZHAO C Y, SU Y, et al. Selective laser melting of dual phase AlCrCuFeNi$_x$

high entropy alloys: Formability, heterogeneous microstructures and deformation mechanisms [J/OL]. Additive Manufacturing, 2020, 31: 100925. [2023-12-21]. https://doi.org/10.1016/j.addma.2019.100925.

[87] LI R D, NIU P D, YUAN T C, et al. Selective laser melting of an equiatomic CoCrFeMnNi high-entropy alloy: Processability, non-equilibrium microstructure and mechanical property [J]. Journal of Alloys and Compounds, 2018, 746: 125-134.

[88] ZHU Z G, NGUYEN Q B, NG F L, et al. Hierarchical microstructure and strengthening mechanisms of a CoCrFeNiMn high entropy alloy additively manufactured by selective laser melting [J]. Scripta Materialia, 2018, 154: 20-24.

[89] QIU Z, YAO C, FENG K, et al. Cryogenic deformation mechanism of CrMnFeCoNi high-entropy alloy fabricated by laser additive manufacturing process [J]. International Journal of Lightwght Materials and Manufacture, 2018, 1 (1): 33-39.

[90] TONG Z, REN X, JIAO J, et al. Laser additive manufacturing of FeCrCoMnNi high-entropy alloy: Effect of heat treatment on microstructure, residual stress and mechanical property [J]. Journal of Alloys and Compounds, 2019, 785: 1144-1159.

[91] PHANIKUMAR G, DUTTA P CHATTOPADHYAY K. Continuous welding of Cu-Ni dissimilar couple using CO_2 laser [J]. Science and Technology of Welding and Joining, 2005, 10 (2): 158-166.

[92] PINTO M A, NOÉ CHEUNG, IERARDI M C F, et al. Microstructural and hardness investigation of an aluminum-copper alloy processed by laser surface melting [J]. Materials Characterization, 2003, 50 (2-3): 249-253.

[93] LEWIS G K, SCHLIENGER E. Practical considerations and capabilities for laser assisted direct metal deposition [J]. Materials&Design, 2000, 21 (4): 417-423.

[94] PINKERTON A J, LI L. The effect of laser pulse width on multiple-layer 316L steelclad microstructure and surface finish [J]. Applied Surface Science, 2003.208-209: 411-416.

[95] QU M, LIU L, CUI Y, et al. Interfacial morphology evolution in directionally solidified Al-1.5%Cu alloy [J]. Transactions of Nonferrous Metals Society of China, 2015, 25 (2): 405-411.

[96] 周鑫. 激光选区熔化微尺度熔池特性与凝固微观组织 [D]. 北京: 清华大学, 2016.

[97] WANI I S, BHATTACHAR JEE T, SHEIKH S, et al. Ultrafine-Grained AlCoCrFeNi$_{2.1}$ Eutectic High-Entropy Alloy [J]. Materials Research Letters, 2016, 4 (3): 174-179.

[98] 高惠临. 管线钢屈强比分析与评述 [J]. 焊管, 2010, 33 (6): 10-14.

[99] 牛雪莲. 钢基体腐蚀防护的高合金 Al$_x$FeCrCoNiCu 涂层研究 [D]. 大连: 大连理工大学, 2014.

[100] 罗检, 张勇, 钟庆东, 等, 晶粒度对一些常用金属耐腐蚀性能的影响 [J]. 腐蚀与防护 2012 (4): 349-352, 356.

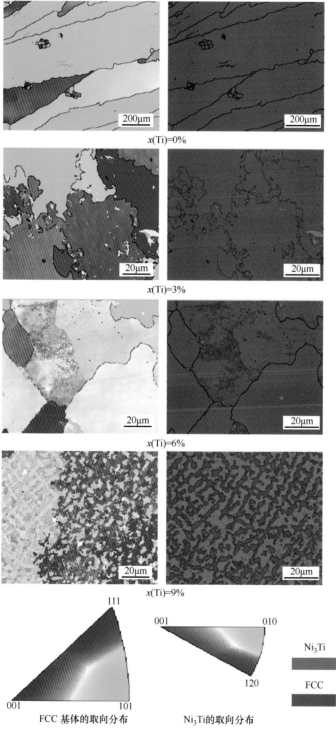

x(Ti)=0%

x(Ti)=3%

x(Ti)=6%

x(Ti)=9%

FCC 基体的取向分布   Ni₃Ti的取向分布

图 2-9　不同 Ti 含量合金试样时效后的取向分布图与相分布图

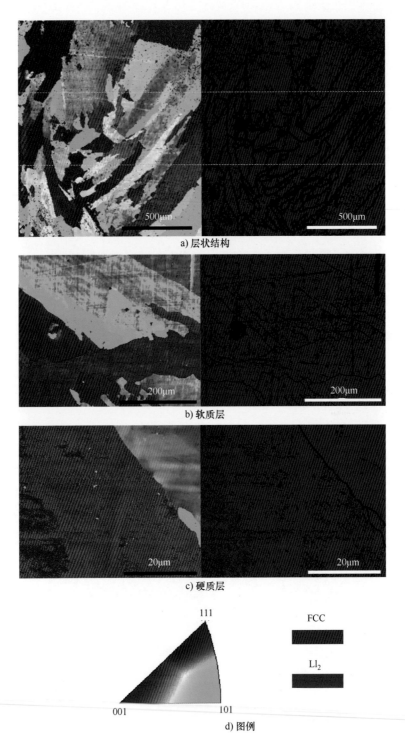

a) 层状结构

b) 软质层

c) 硬质层

111

001　　　　1̄01

FCC

Ll₂

d) 图例

图 3-3　层状结构中熵合金的取向分布图与相分布图

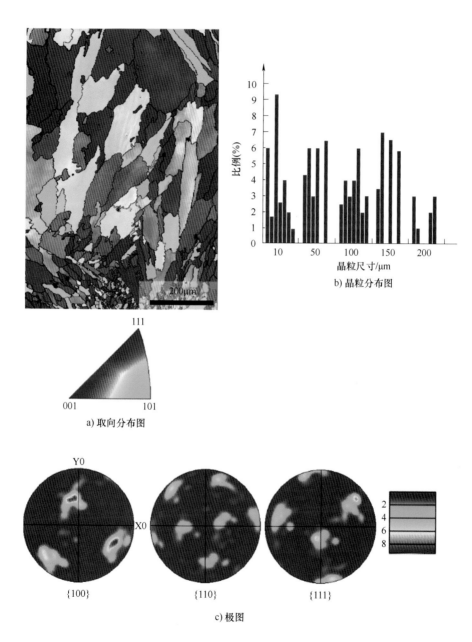

b) 晶粒分布图

a) 取向分布图

c) 极图

图 4-8　激光 3D 打印的大块 CoCrFeMnNi 高熵合金样品的 EBSD 分析

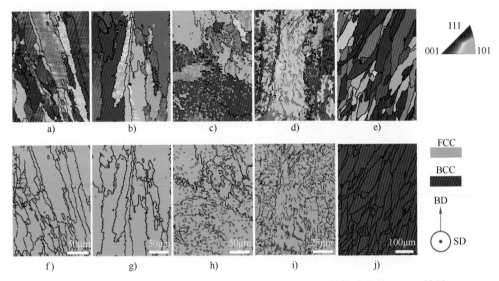

图 5-5　激光 3D 打印 Al$_x$(CoCrFeMnNi) 高熵合金微观结构演变的 EBSD 结果

BD—构建方向　SD—3D 打印方向

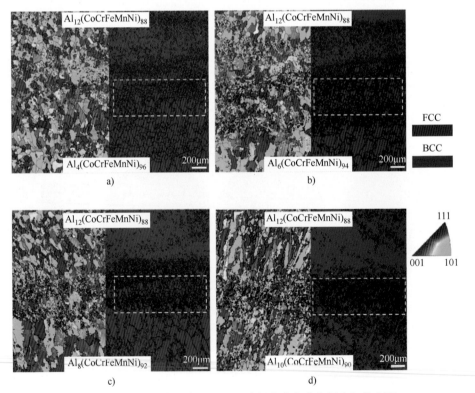

图 6-3　双层结构高熵合金 EBSD 分析的取向分布图和相分布图

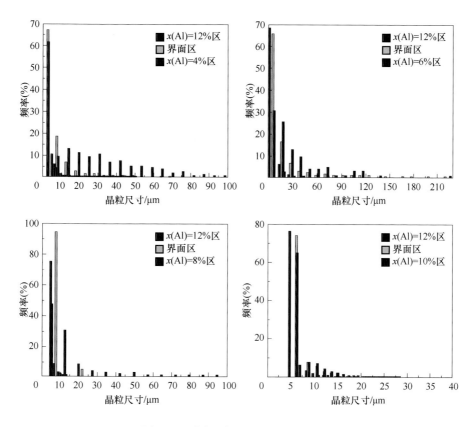

图 6-4 不同区域晶粒尺寸统计柱状图

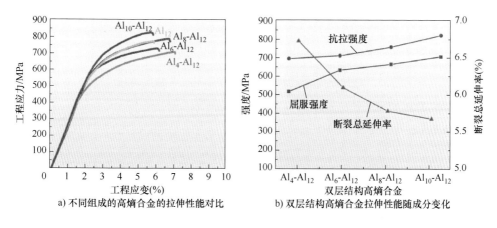

a) 不同组成的高熵合金的拉伸性能对比 b) 双层结构高熵合金拉伸性能随成分变化

图 6-7 双层结构高熵合金拉伸性能演变

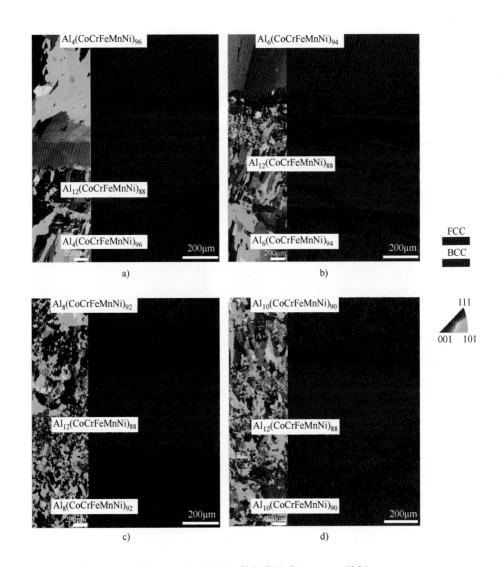

图 6-12 "三明治"结构高熵合金 EBSD 分析

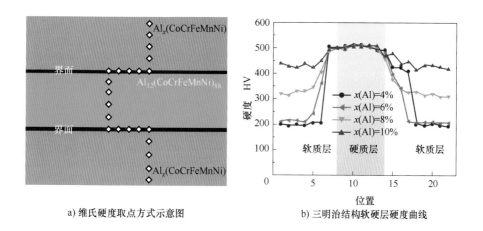

a) 维氏硬度取点方式示意图　　b) 三明治结构软硬层硬度曲线

图 6-13　硬度取点方式及数值

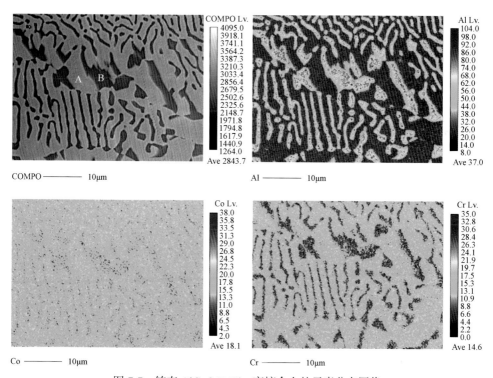

图 7-7　铸态 $AlCoCrFeNi_{2.1}$ 高熵合金的元素分布图像

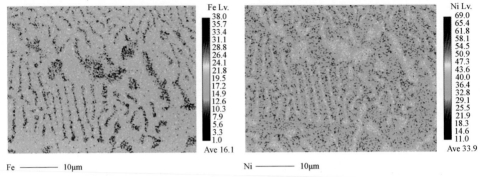

Fe ——— 10μm   Ni ——— 10μm

图 7-7　铸态 AlCoCrFeNi$_{2.1}$ 高熵合金的元素分布图像（续）

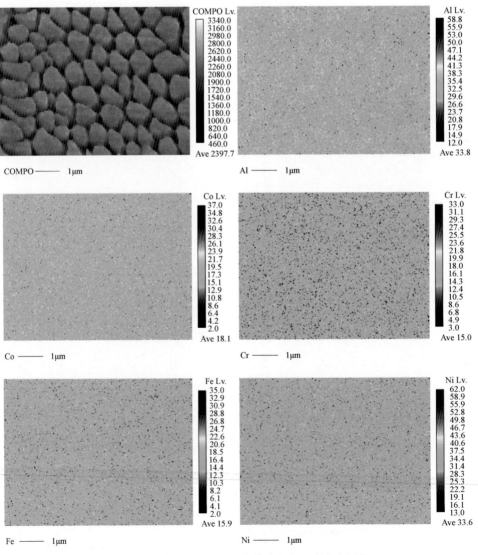

COMPO ——— 1μm   Al ——— 1μm

Co ——— 1μm   Cr ——— 1μm

Fe ——— 1μm   Ni ——— 1μm

图 7-8　SLM AlCoCrFeNi$_{2.1}$ 高熵合金的元素分布图像